太平洋 その深層で起こっていること

蒲生俊敬 著

ブルーバックス

カバー装幀／芦澤泰偉・児崎雅淑
カバー写真／ Prisma Bildagentur／アフロ
本文デザイン・図版制作／鈴木知哉・島村圭之

プロローグ

地球表面のじつに7割が、広大な海によって覆《おお》われています。その形状から、海洋はいくつかのエリアに分けられてきました。俗に「七つの海」とよびますね。

その七つとは——、現代では、北太平洋、南太平洋、北大西洋、南大西洋、インド洋、北極海、そして南極海を指しています。太平洋とインド洋、大西洋をまとめて、「三大洋」とよぶこともあります。

本書の主役である太平洋は、面積・体積とも三大洋全体のほぼ半分を占める、世界最大の海です。ぼくたちの住む日本列島は、この巨大な太平洋と直接、東側で接しており、わが国は太平洋の一部を排他的経済水域（EEZ：exclusive economic zone）として管轄しています。

●海は三次元に広がる世界

太平洋とはどのような海なのでしょうか。おおまかにその全貌を思い浮かべてみましょう。

南は南極海に接する極寒の海。北へ向かうにつれて表面水温はしだいに上昇し、赤道あたりでは30℃を超える常夏の海となります。さらに北上すると、水温はふたたび低下していき、氷の浮かぶ北極海にいたります。

太平洋の東側は、南北アメリカ大陸が最北部から最南部まで、大きな屏風《びょうぶ》のごとくふさいでいます。一方の西側には、ユーラシア大陸、日本列島、マレー諸島、ニューギニア島、オーストラリア大陸、ニュージーランドの島々など、多彩な陸地や島々が並び、陸地と陸地とを隔てる〝すき間〟があちこちに開いています。

そして海は、縦と横だけの二次元世界ではありません。下向きにも広がりをもつ、立体的な三次元の世界です。海面から覗き込んでも見えませんが、深く、まっ暗な海が、下へ下へと続いています。太平洋の平均深度は4188メートルもあり、最も深いのは西太平洋のマリアナ海溝にあるチャレンジャー海淵（深さ1万920メートル）です。そこは、世界中で最も深い海です。

●深海とはどのような場所か

深さ1000メートル、あるいは1万メートルといった深海は、どんな世界なのでしょうか。海洋の研究者は、この容易にアクセスできない海の深部にとりわけ深い関心を抱き、さまざまな方法で深海の世界を垣間《かいま》見ようと努めてきました。そして太平洋の深海は、じつに興味深く、魅力に満ちた研究対象であることがわかってきたのです。

ぼくは前著『日本海　その深層で起こっていること』（講談社ブルーバックス）で、日本列島にとってかけがえのない小さな独立海、日本海についてご紹介しました。日本海の地勢を三次元の観点から捉え、その四囲を囲む人類社会との濃密な関わりを描き出そうと努めました。その作業のさなか、日本列島を挟《はさ》んで反対側にある太平洋のことが、しばしば脳裏をよぎりました。

日本海は、日本列島とユーラシア大陸に挟まれた閉鎖的な海です。その閉鎖性を前著では、〝風呂桶〟に喩《たと》えました。これに倣《なら》えば、太平洋はさしずめ、25メートルプールでしょうか。日本海に比べて面積は160倍、体積は400倍。まさに大海とよぶにふさわしい巨大スペースです。これこそ、地球の海そのものです。歴史にその名を遺《のこ》す大探検家、マゼランやキャプテン・クックらが生涯をかけ、情熱を傾注してやまなかった巨大な海――。その表面から深海底までを包含する三次元の視点から、ぼくなりに太平洋を記述してみたいという思いが募《つの》りました。

●「柔らかい」太平洋と「堅い」太平洋

本書は、3部構成をとっています。

まず第1部では、太平洋の全体像を眺めて、「柔らかい」太平洋と「堅い」太平洋に分けてお話しします。つまり、「液体としての柔らかい海水」、そして太平洋の底面を構成する「固体としての堅い海底」――。これらの両面から、太平洋の科学をまとめます。

続く第2部と第3部では、ふたとおりの海底地形――出っぱり（凸部）とへこみ（凹部）――

に注目してみようと思います。凸部とは「海山」、そして凹部とは「海溝」を指しています。

海面からは見えませんが、太平洋の海底は「海山」であふれています。多くの場合、海山は海底の火山活動によって誕生します。今まさに噴火している若い海山もあれば、ずっと昔に活動を止めた年老いた海山もあります。若い海山が上へ上へと成長し、その山頂がついに海面に達すると、そこに島が誕生します。

世界で最も活動的な海底火山山脈（中央海嶺）が、太平洋の東部をほぼ南北に貫き、その山頂からマグマを噴き出して新しい海底（プレート）をつくっています。プレートは、年間約10センチメートルの速さで、中央海嶺軸の東と西に拡がっていきます。

そのプレートを突き破って、はるか下から割り込んでくるのが、「ホットスポット」とよばれる、たいへん「根の深い」火山です。第2部では、代表的なホットスポット火山であるハワイ島と、その近海で成長を続けるロイヒ海底火山をまず取り上げます。ぼく自身、かつてロイヒ海山周辺を、研究船を用いて調査・研究したことがあるのですが、その体験も含めて、ロイヒ海山にまつわる興味深い話題をご紹介したいと思います。

●天皇の名を冠した海底の山々

ホットスポット火山は、その山体（島）が太平洋プレートと一緒に移動していくため、いつかはホットスポット源から引き離され、火山活動は終焉《しゅうえん》を迎えます。活動を止めた火山島は、プレートとともに移動するうちに浸食を受けて海没し、「海山群」となって西太平洋に列をつくります。海山群の向きや形は、プレートやマントルの動きと密接に関わっています。

北太平洋をほぼ東西に区分けするように、東経170度付近に整然と並ぶ海山群は、「天皇海山群」と総称されます。その源をハワイまでたどることのできる旧ホットスポット火山の連なりです。なぜ天皇の名が冠されているのかふしぎですね。第2部では、天皇海山群の発見からその命名にいたる驚きの歴史を、あわせてたどってみたいと思います。

さて、太平洋を東から西へと横断したプレートは、西太平洋で大陸のプレートにぶつかり、その下側へと沈み込みます。そこが、「海溝」とよばれる細長い深淵部です。そして、海溝のさらに西側には、「島弧《とうこ》」と名のついた活発な火山群が、海溝とほぼ平行に並んでいます。古くて冷たいプレートが沈み込む場所の近くに、どうして熱い火山活動が誘発されるのでしょうか。その〝立て役者〟は、いったい何なのでしょうか？

島弧火山は日本列島そのものを構成しており、ぼくたちの日常生活にもたいへん密接に関わる存在です。海底の火山は目に見えないために、突然噴火すると、その規模によっては大きな災害を招きます。1952年に大噴火を起こし、調査船もろとも31名の尊い命を奪った海底火山・明神礁《みょうじんしょう》は、多くの教訓をぼくたち海洋観測に携わる者たちに遺しました。そして、無人探査機など、海底火山を安全に研究するための技術開発を促したのです。

●西太平洋に集中する海溝――日本は世界1位の「超深海」大国！

最終の第3部で取り上げる「海溝」は、太平洋のまさに独擅場といってもよいでしょう。最深部の水深が7000メートルを超える海溝は世界中に19ありますが、そのうちのじつに16が太平洋に位置しています。さらにそのうち14は、太平洋プレートの沈み込む西太平洋に集中しています。

深さが6000メートルよりも深い海のことを、特に「超深海」とよびます。海溝の内部やその海底面は、「超」のつく深さゆえに観測の手が届きにくく、科学的な知見の積み重ねはまだごくわずかにすぎません。海溝こそ、海洋研究の最後のフロンティアとよぶ人もいるほどです。

わが国のEEZが、世界で6番目の広さをもつことをご存じの方も多いでしょう。そのEEZが、日本海溝、伊豆・小笠原海溝、南西諸島海溝など、西太平洋の代表的な海溝にまたがっていることにお気づきでしょうか。

各国のEEZを、面積ではなく体積（つまり海水の量）で比べてみると、面白いことがわかります。海洋政策研究所の概算によれば、わが国の保有するEEZの体積は一躍、世界の4番目にランクされます（1位：アメリカ、2位：オーストラリア、3位：キリバス）。そして6000メートル以深の「超深海」に話を限れば、なんとわが国が世界で一番なのです（松沢、２００５）。世界で最も大量に超深海水の排他的権利を保有しているわが国は、まさに超深海の研究・開発をいちばん行いやすい国であり、かつ、この分野の研究で世界をリードすべき責務を負っているというべきでしょう。このことが、本書で海溝を大きく取り上げた主たる理由の一つです。

21世紀に入り、人間活動に由来する地球環境の変化が顕在化の一途をたどっています。最後のフロンティアといわれる深さ1万メートルの超深海底に暮らす生き物たちですら、すでに人為的な化学物質でひどく汚染されていることが、最近になって明らかになりました。ぼくたちの想像を超える速さで、海は変貌しつつあります。

人類は、海洋にもっともっと目を向け、その現状把握に努めるとともに、海洋の果たす役割を正しく理解し、海と共存する道を探らなければなりません。そのためには、海洋のごく表面だけではなく、〝フルデプス〟の海洋、つまり、超深海の底の底までしっかり目を配り、その空間的・時間的変動のしくみを知る必要があります。

世界で最も深く、多様性に富む太平洋にこそ、地球環境問題解決へのカギがいくつも隠されているのではないでしょうか。本書が、それを掘り起こすきっかけになればと思います。

どうぞ最後までお付き合いください。

もくじ

第2部 聳え立つ海底の山々

第5章 島弧海底火山が噴火するとき ——それは突然、火を噴く 145

第3部 超深海の科学
――「地球最後のフロンティア」に挑む

第1部

太平洋とはどのような海か

©iStock.com/CJ_Romas

第1章 「柔らかい」太平洋

――広大な海を満たす水の話

「プロローグ」で、太平洋には二つの側面があるとお話ししました。「柔らかい」太平洋と、「堅い」太平洋です。自由に形を変えて動き回る海水の太平洋と、その海水の下にある堅い「容れ物」としての太平洋と言い換えることができるかもしれません。

本章では、前者の「柔らかい」太平洋の話から始めることにしましょう。世界最大の海を満たす水には、どのような特徴があるのでしょうか？　まずは、目に見える海表面から話を始めて、見通すことのできない深層・底層へと視線を移していきましょう。どのような姿をした太平洋が見えてくるでしょうか？

1-1 太平洋の表層を流れる暖流と寒流

海洋の表面には、陸上の大河に似た、まとまった海水の流れがあります。

ぼくたちの住む日本列島の近海に目を向けてみましょう。まず黒潮があります。これは南西諸島に沿って北上し、本州の南岸を東向きに流れる暖かい海流ですね。一方、北海道と東北日本の東側には、寒流である親潮が南下してきます。

黒潮も親潮も、日本的な名前がついていますが、決して日本近海だけを流れているわけではありません。太平洋をぐるりと循環する大規模な海流系のごく一部を、黒潮とよんだり親潮とよんだりしているにすぎないのです。

図1-1に示したように、北太平洋および南太平洋の表面には、大きな楕円形をした環流系が三つあります。黒潮は、北太平洋の「亜熱帯循環」（時計回り）のいちばん西側の部分にあたります。また、この亜熱帯循環のさらに北側には、反時計回りの「亜寒帯循環」があり、親潮はこの循環系の西側の一部なのです。

亜熱帯循環は、図1-1にあるように、太平洋だけでなく大西洋やインド洋にも存在します。これらの循環流は、海洋に接する大気の動きと密接に関わっています。貿易風とよばれる大気の

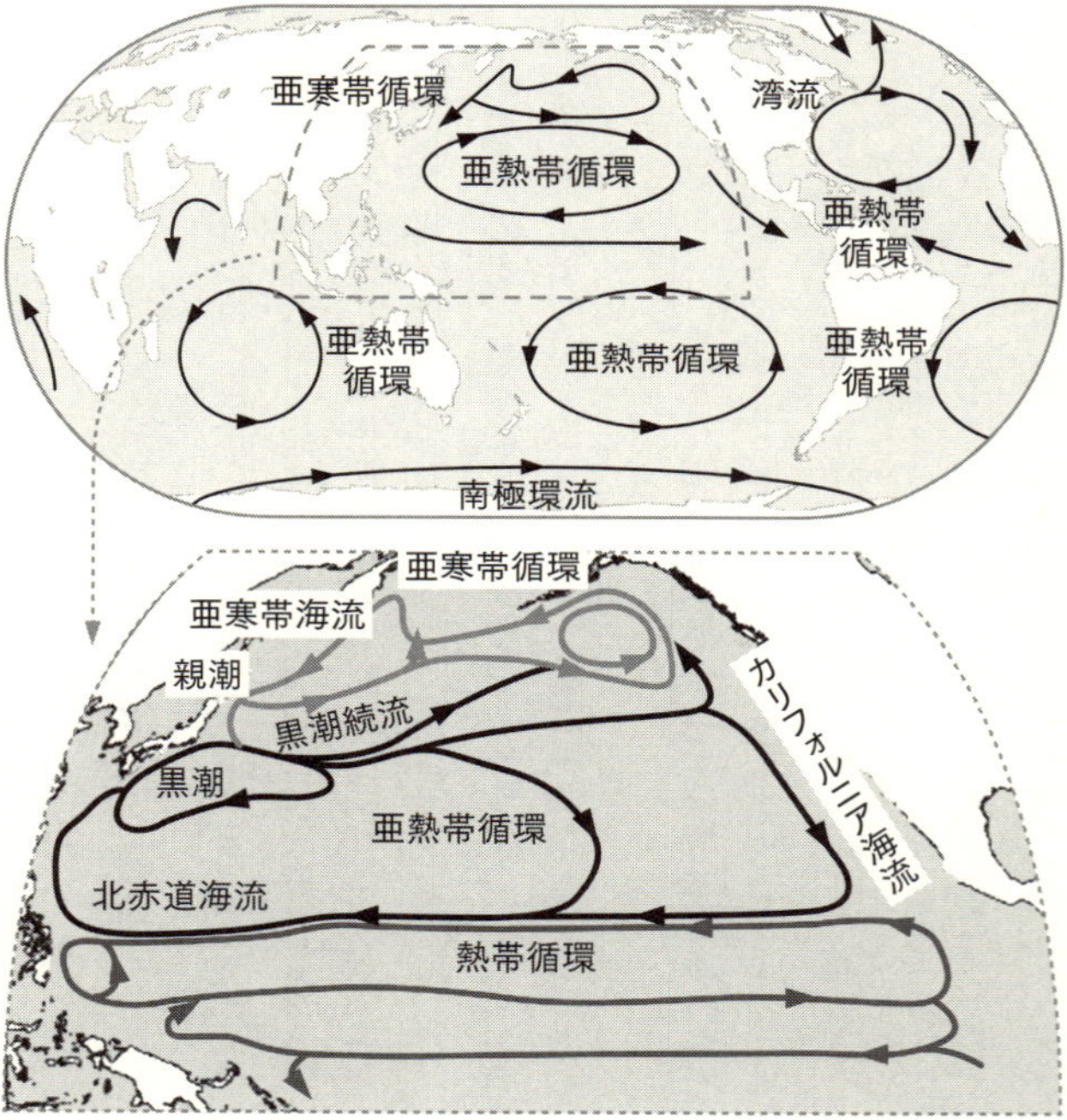

図1−1：太平洋の表面海流の概略図（気象庁のウェブサイトより）

動きによって、表面海水が引きずられることで海流が生じます。

「風がつくる海流」の意味で、風成循環ともよばれます。海流は海洋のごく表面だけではなく、深さ数百メートル程度まで及びます。

北太平洋の亜熱帯循環は、黒潮のあたりが最も流れが速く、秒速1〜2メートルくらいあります。これは、地球の自転に由来するコリオリの力が緯度とともに強まり、循環流の西側で流れが強化されるためです。同じように、北大西洋の亜熱帯循環も西側で流れが強く、こちらはメキシコ湾流という名前で親しまれています。

1-2 海洋をかき混ぜる「深層循環」のしくみ

海水が動いているのは、海の表層だけではありません。深い海の中では、熱塩循環とよばれるゆっくりとした海水の動きが、世界中の海をつないでいます。この深層海水の動きは、温度＝「熱」と塩分＝「塩」で決まる海水の密度（重さ）に依存することから、「熱塩」循環とよばれます。

熱塩循環は、風成循環とはしくみがまったく異なります。世界の熱塩循環ルートを概念的に示したのが図1-2です。最初にこの図をつくった米国・コロンビア大学のウォーレス・ブロッカー教授にちなみ、「ブロッカーのコンベアーベルト」ともよばれています。ちょうど工事現場のベルトコンベアーのように、深層海水が途切れなく全世界をめぐり続けているイメージです。

コンベアーベルトの起点は北大西洋にあります。北大西洋の最も北のはずれ、グリーンランド海やラブラドル海では、厳冬期に表面の海水が強く冷却されます。海水は温度が下がるほど密度が増加します（重くなります）。さらに、海水の一部が結氷すると、氷（真水）から吐き出され

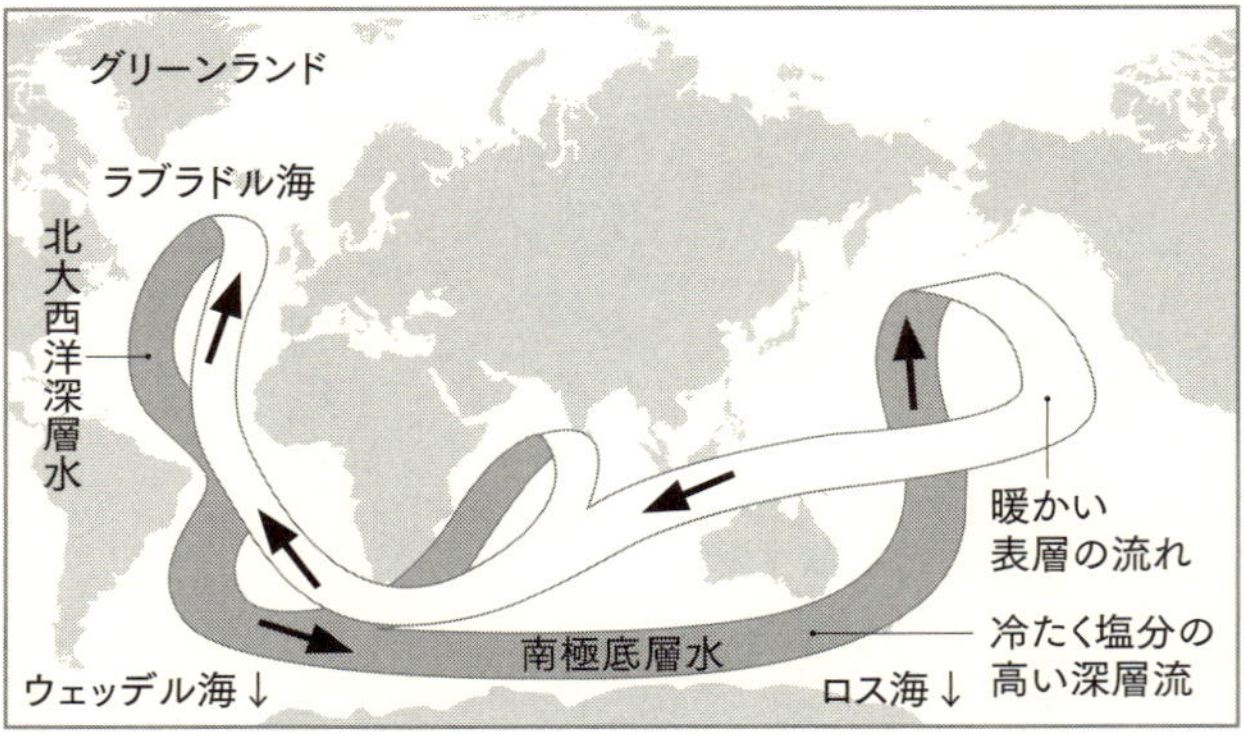

図1－2：熱塩循環のルートを示すブロッカーの「コンベアーベルト」モデル

る塩によって海水の塩分が増加し、密度をますます増加させます。こうして高密度となった表面海水は、重力によって深海へと沈み込み、北大西洋深層水となって大西洋を南下していきます。

一方、南極海でも、ウェッデル海やロス海などの南極大陸に接する海域で、冬季に同様のメカニズムで表面海水の沈み込みが起こります。そして、南下してきた北大西洋深層水も取り込んで南極底層水が形成され、南極大陸に沿って時計回りに循環します。

沈み込んだばかりの南極底層水は、高密度であると同時に、海洋表面の光合成でつくられた酸素ガスをたっぷり溶かし込んでいます。この南極底層水の一部は枝分かれして、インド洋と太平洋の最深層を北上していきます。

こうして、北大西洋から始まった深層流が最後に北太平洋まで到達するのに、ほぼ２０００年かかると推定されています。後で詳しく述べるように、海水中に含まれる放射性核種の一つ、炭素－14（半減期＝5730年。半減期については24ページ参照）の濃度分布から明らかにされたことです。

インド洋や太平洋を北上した南極底層水は、上層にある低密度の海水と混ざり合いながらしだいに海洋表層へと浮き上がり、表面海流となってふたたび北大西洋や南極海に戻っていきます。地球上の全海洋を結ぶ深層循環は、このようにしてひとめぐりします。

全体として見れば、高緯度域（極域）の冷たい海水が低緯度域（熱帯海域）へ運ばれ、一方で低緯度域の暖かい海水が高緯度域に運ばれます。つまり、高緯度域と低緯度域との温度差を和《やわ》らげてくれることになるので、深層循環は地球にとって、あたかもエアコンのようなありがたい存在といえるでしょう。

もしこのコンベアーベルトが動きを止めてしまうと、北半球の気温は著しく低下します。あるモデル計算によれば、陸上で1～2℃、海上では2～5℃も低下するとされています。

1－3　海水の性質から見えてくる深層循環

先にも述べたとおり、太平洋の深層では、冬季に南極海表層で沈み込んだ高密度水（南極底層水）が、南太平洋から北太平洋へと北上しています。そのため、赤道直下といえども、深さ50

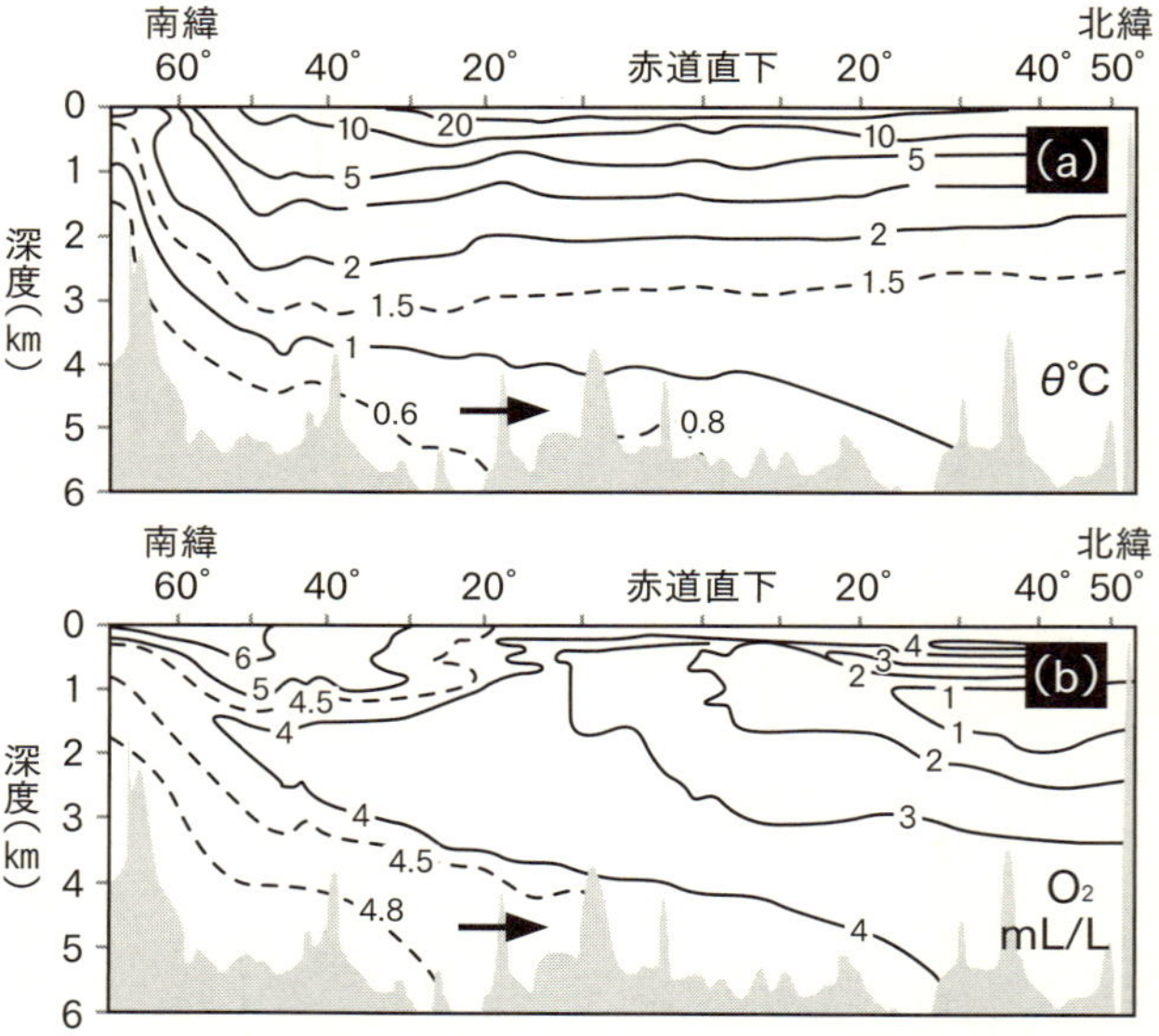

図1−3：太平洋を縦断する水温(a)と溶存酸素(b)の断面図（Pickard and Emery (1990)の図を改変） 矢印は底層水の移動方向を示す。

00〜6000メートルの底層では、水温は約1℃の冷たさです。

熱塩循環のめぐる速さは、表面の海流に比べると格段に遅く、太平洋を縦断するのに数百年から千年オーダーの時間を要します。南極海から北極海までの約2万キロメートルを仮に500年かけて移動するとすると、1年間に40キロメートル、時速にしてわずか5メートルしかありません。

これほど遅い海水の動きを知るには、その性質がどう変化していくか、すなわち、海水の水温分布や海水に溶けている化学成分の濃度分布がたいへん役に立ちます。

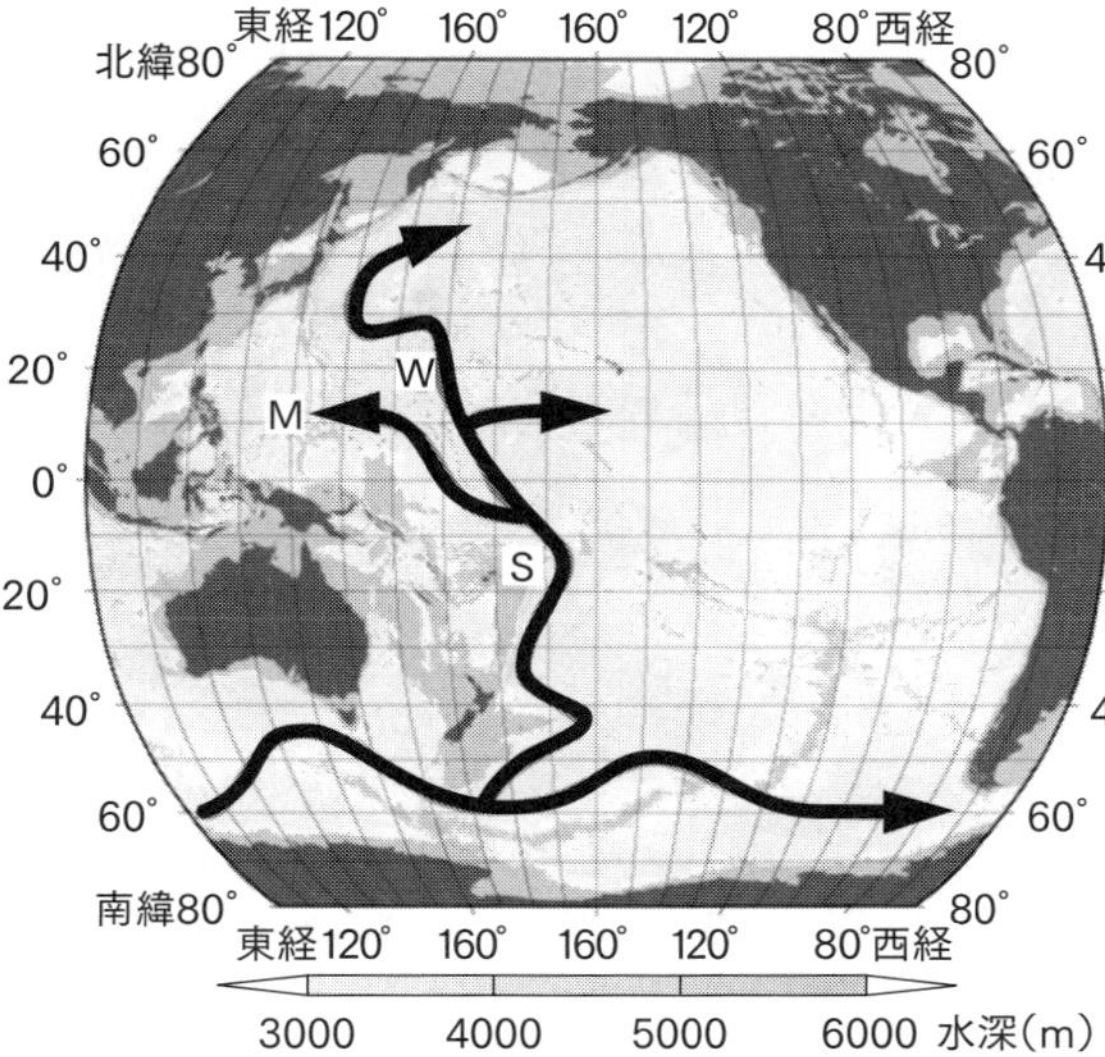

図1-4：太平洋底層の循環図（S、W、Mは、底層水が通り抜ける細い水路）（気象庁のウェブサイトより）

これらの分布形から、海水の動く方向を間接的に推定できるのです。たとえば、底層海水は移動するにつれて、海底からの地殻熱や上層の海水との混合によって、水温が少しずつ上昇していきます。

また、海水中に溶けている酸素ガス（溶存酸素）は、海水が沈み込んでから時間とともに減少していきます。これは酸素ガスの供給源が、光合成の起こる海洋表面にしか存在しないためです。表面から遠く離れた深層水や底層水中は真っ暗なので、光合成は起こりません。一方で、酸素は生物の呼吸や表面から沈降する有機物（生物の死骸や排泄物）の分解のために消費されるので、その濃度は減少の一途をたどるわけです。

図1－3は、西太平洋を南北方向に輪切りにしたとき、海水の水温と溶存酸素がどのように変化していくかを示したものです。南極付近で深層に沈み込んだばかりの底層海水は、冷たく、かつ溶存酸素に富んでいますが、矢印のように北上するにつれて水温は上昇し、溶存酸素濃度は減少していきます。このような海水の性質の変化から、海水の動きが類推できるのです。

太平洋の海底地形を重ねてみると、深い盆地や谷すじに沿って底層水がじわじわと北上していることが、これまでの研究によって明らかにされています（図1－4）。底層流もまた、地球の自転によるコリオリの力の影響を受けて、その流路は西側へと押しつけられるので、西太平洋で流れが強くなっています。

1－4 世界最古の海水は北太平洋の深層水

水温や溶存酸素濃度の変化は、海水が動く方向を教えてくれますが、海水の年齢、すなわち極域の海面で沈み込んでからどのくらい年数が経っているかはわかりません。それを教えてくれるのが、海水中に含まれるさまざまな放射性核種です。

放射性核種は、核種ごとに「半減期」が決まっています。半減期とは、放射壊変によってその

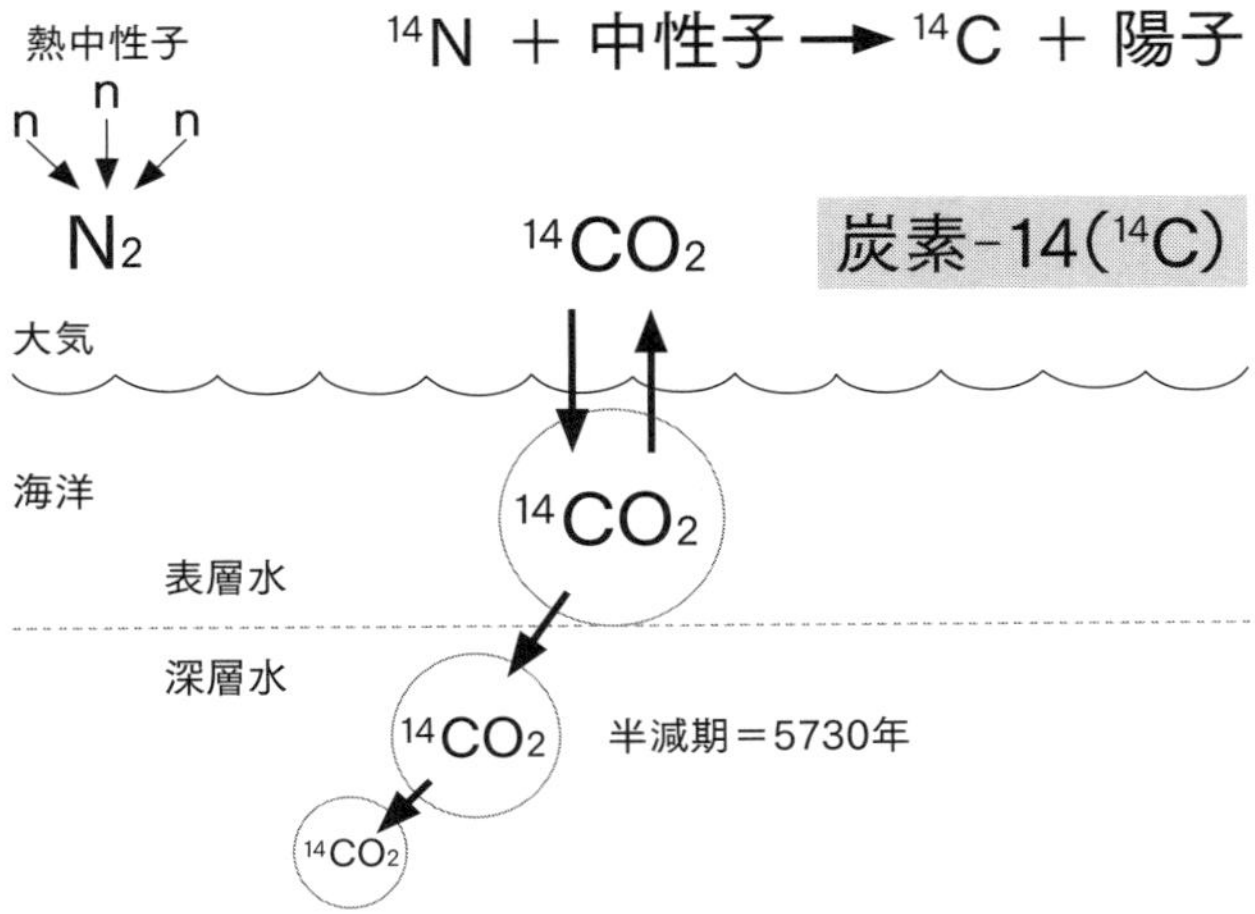

図1-5：炭素-14を利用して海水の年代測定を行うしくみ

核種が半分に減るまでの時間を指します。半減期は、水温が高かろうが低かろうが、水圧が高かろうが低かろうが、決して変化することがありません。すなわち、放射性核種は、正確な時計としての役割を果たします。

海洋の研究で特に重宝する核種が、放射性炭素（^{14}C）です。

図1-5に示したように、^{14}Cは、大気中で宇宙線由来の熱中性子と窒素原子（^{14}N）との核反応によって生じます。続いて大気中の酸素と結合し、二酸化炭素（$^{14}CO_2$）になります。大気中の$^{14}CO_2$は、大気と海洋とのあいだで二酸化炭素が出たり入ったりするのに伴って、大気から海洋表面水へと移行します。

$^{14}CO_2$を含んだ二酸化炭素は、海水中にガスやイオンとして溶け込んでいます。表面海

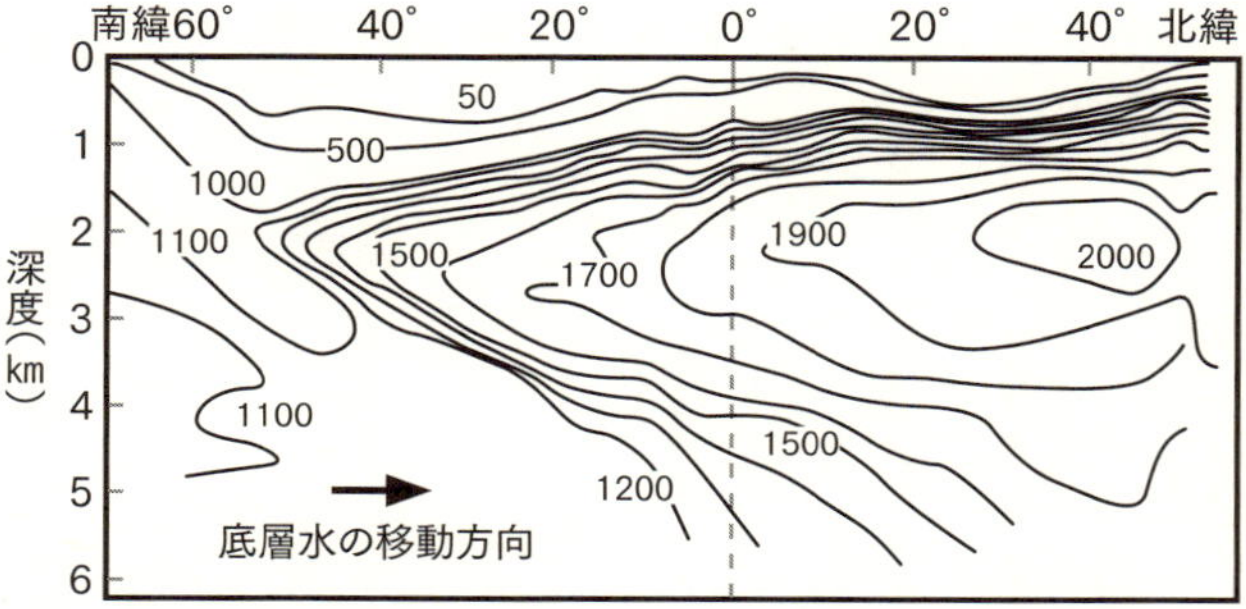

図1-6：太平洋の海水の^{14}C年齢（単位は年）（角皆(1981)の図を改変）

水が極域で沈み込むと、以後は大気との接触を断たれ、大気から$^{14}CO_2$の補充がなくなるので、^{14}Cは時間とともに半減期（5730年）にしたがって減っていきます。この減り具合を測定することによって、その海水の年齢がわかるのです。

1970年代半ばに、米国が主導した「地球化学的大洋縦断研究（GEOSECS：Geochemical Ocean Sections Study）計画」によって、太平洋のほぼ全域にわたる海水中の$^{14}CO_2$濃度が、表面から海底にいたるまで詳しく測定され、その結果から20ページ図1-2が描かれました。北海道大学の角皆静男教授は、太平洋の^{14}Cデータをさらに詳しく解析し、太平洋を南北に縦断する海水の年齢断面図（図1-6）を作成しました。

図1-6を、先に示した図1-3と比べてみてください。南極海で沈み込んだ底層水が、太平洋を北上するにつれてしだいに古くなっていくこと、そして、太平洋を縦断するのに要する時間が500〜1000年であることがわかります

ね。なお、南極海ですでに約1000年という年齢なのは、北大西洋をスタートした熱塩循環が、南太平洋までやってくるのにかかる年数が上乗せされているためです。

北太平洋に入った南極底層水は、周囲の海水と混合しながら薄まっていき、かつ、少しずつ上昇します。北緯40度付近にある深層水（深さ2～3キロメートル）の年齢が最も古い（2000年）のは、そのような状況を反映しています。

1-5 深層水はいかにして海表面に戻るか？——縁の下に「月」の力あり

北極や南極に近い極寒の海で生成した高密度表面水が深海へと沈み込み、世界中の海を循環して、最後にはふたたび表面に戻って同じことが繰り返されます（図1-2参照）。ところで、深層を循環する密度の高い（重い）海水は、どのようにして表面に浮かび上がるのでしょうか。

ここで重要な役割を受け持つのが、「乱流」とよばれる現象です。

海中に無数にばらまかれた小規模な渦を想像してください。この渦のエネルギー源は、月や太陽が地球に及ぼす引力です。引力によって海水が引っ張られ、それが強まったり弱まったりを繰り返すことで、海の中に「潮汐流《ちょうせき》」という流れが生じます。満潮時に海面が上昇するのは、潮汐流によって周囲から海水が流れ込んでくるためです。潮汐流を発生させる引力なので、「潮汐

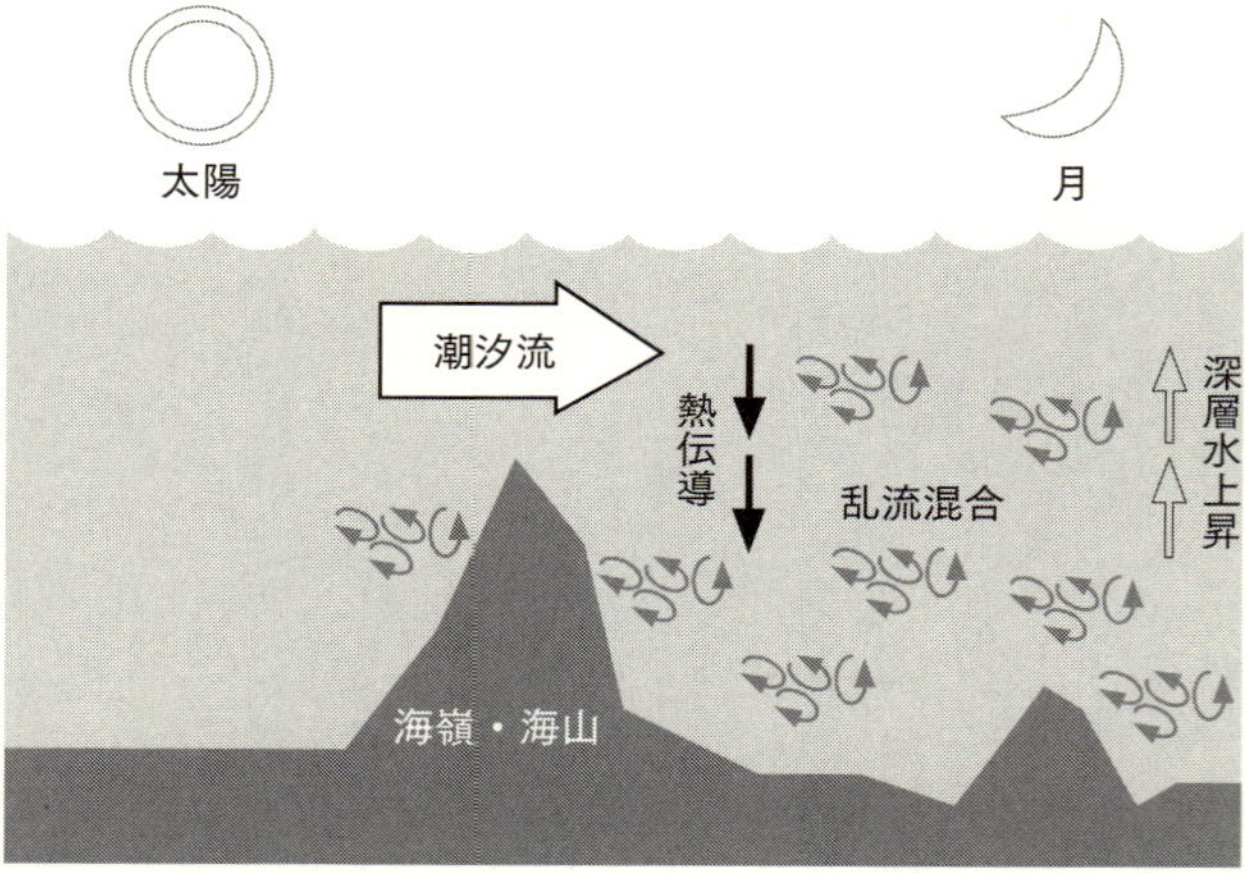

図1－7：潮汐流によって乱流が発生するしくみ（日比谷(2015)の図に加筆）

力」とよぶこともあります。

この潮汐流が中央海嶺や海山などの海底の出っぱり（凸部）にぶつかると、たくさんの渦が生じます（図1－7）。富士山に風が吹きつけたとき、その反対側に発生した乱気流によって、航空機が大きく揺さぶられることがありますね。海の中でも、似たような海水の乱れ（乱流）があちこちに発生するのです。

海山や海溝が多く、海底の起伏の大きい西太平洋では、とりわけ強い乱流の発生することが理論的に予測され、それが観測によっても裏づけられています。

この無数の小さな渦には、海水を上下にかき混ぜるはたらきがあり、これを「乱流混合」とよんでいます。乱流混合によって海洋表面の熱が下へ下へと伝わっていき、深層水を温めて軽く（密度を小さく）します。こうして深層水は浮力を得て、表層に向かって上昇できるのです。もし地球に潮汐力が作用しなかったならば、深層水の上昇は弱まり、現在のような海洋のコンベアーベルトは維持されないことが、理論的な数値実験からわかっています。そして、地球が受けている潮汐力のほぼ７割は月によるものです。つまり、月という衛星があるおかげで海洋の熱塩循環が続き、そのエアコン機能によって、地球の温和な環境が保たれているというわけです。

1-6　太平洋の海水が変わりつつある──その①温暖化

18世紀後半の産業革命以降、急激に化石燃料の消費量が増大し、また森林が破壊されたことによって、大気中の二酸化炭素濃度が増え続けています。産業革命以前は２８０ｐｐｍ（大気中の０・０２８パーセント）程度でしたが、現在は４００ｐｐｍを突破して、なお増加中です。

ここで問題になるのが、二酸化炭素には、地球表面から宇宙空間に放出される赤外線の一部を吸収して地球に戻す作用（温室効果）があることです。いわゆる地球温暖化を推し進めてしまう要因のひとつとなっています。

世界の年平均気温は、図１-８(a)に示したように、過去１００年間に０・７３℃上昇しました。２０１３年に出された国連の「気候変動に関する政府間パネル（ＩＰＣＣ：Intergovernmental

Panel on Climate Change)」の第五次評価報告書によれば、今世紀末までにさらに2～4℃増加すると予測されています。

このような気温の増加に引きずられるように、世界の平均海面水温も増加しつつあり、過去100年間に0・54℃上昇しました（図1－8(b)）。日本近海の太平洋・日本海・東シナ海においては、気象庁によって詳しい観測が行われ、世界平均より大きい1・11℃／100年という海面水温増加が観測されています。

海洋の表面水温増加には、さまざまな点で困った副作用があります。

たとえば、海水温の上昇によって海水が膨張したり、極域の氷床が融けることによって、海面の水位が上昇します。標高の低い島々は水没の危機に直面します。また、海水温の上昇とともに、海水中に溶ける酸素の量が減っていきます。温度が高いほど、気体は海水中に溶けにくくなるためです。過去50年以上にわたって連続観測されている北東太平洋の定点（北緯50度、西経145度）では、表層水中の酸素濃度が50年間で約15パーセントも減少してしまいました。酸素は生物が呼吸をするために欠くことができませんから、海洋生物圏の縮小が懸念されます。

水温が上昇しているのは、表面海水だけではありません。深さ何千メートルという深層水や底層水の水温も、わずかですが上昇傾向にあることが、観測によって明らかにされています。

図1－9は、太平洋を約30のブロックに分け、水深5000メートル以深の底層水のポテンシ

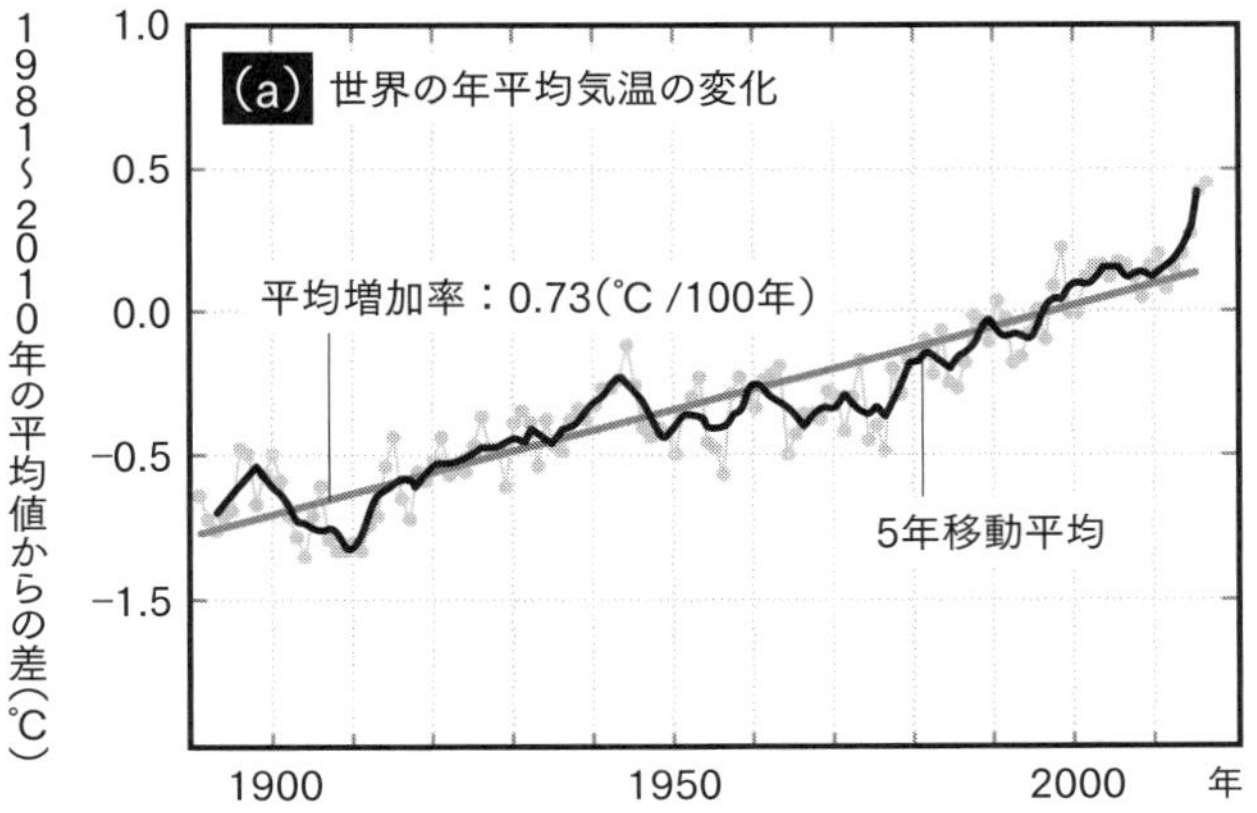

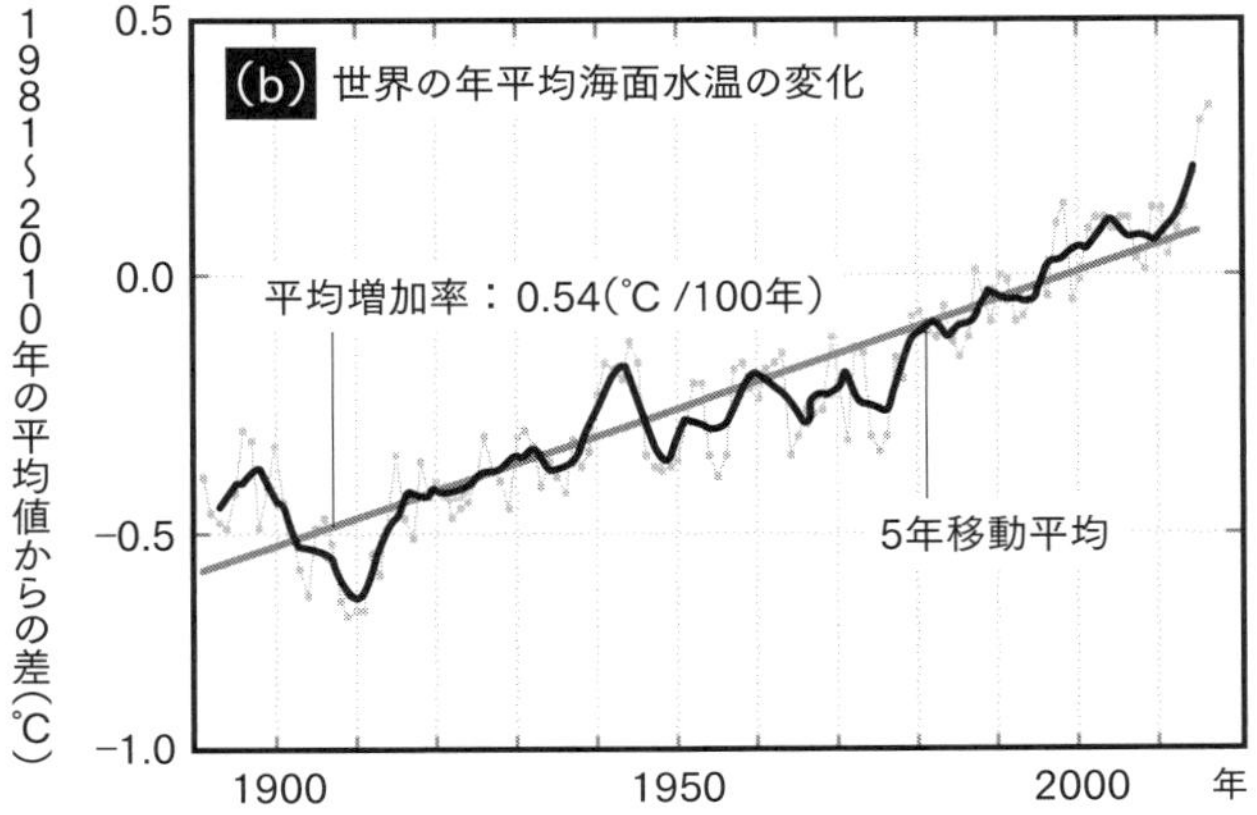

図1−8：世界の年平均気温(a)と、海面水温の年平均値(b)の経年変化
「5年移動平均」とは、長期にわたる変化の傾向を摑みやすくするため、5年ずつのデータを平均した値(たとえば2000年については、1998～2002年の5年間の平均値が記載されている)。(気象庁のウェブサイトより)

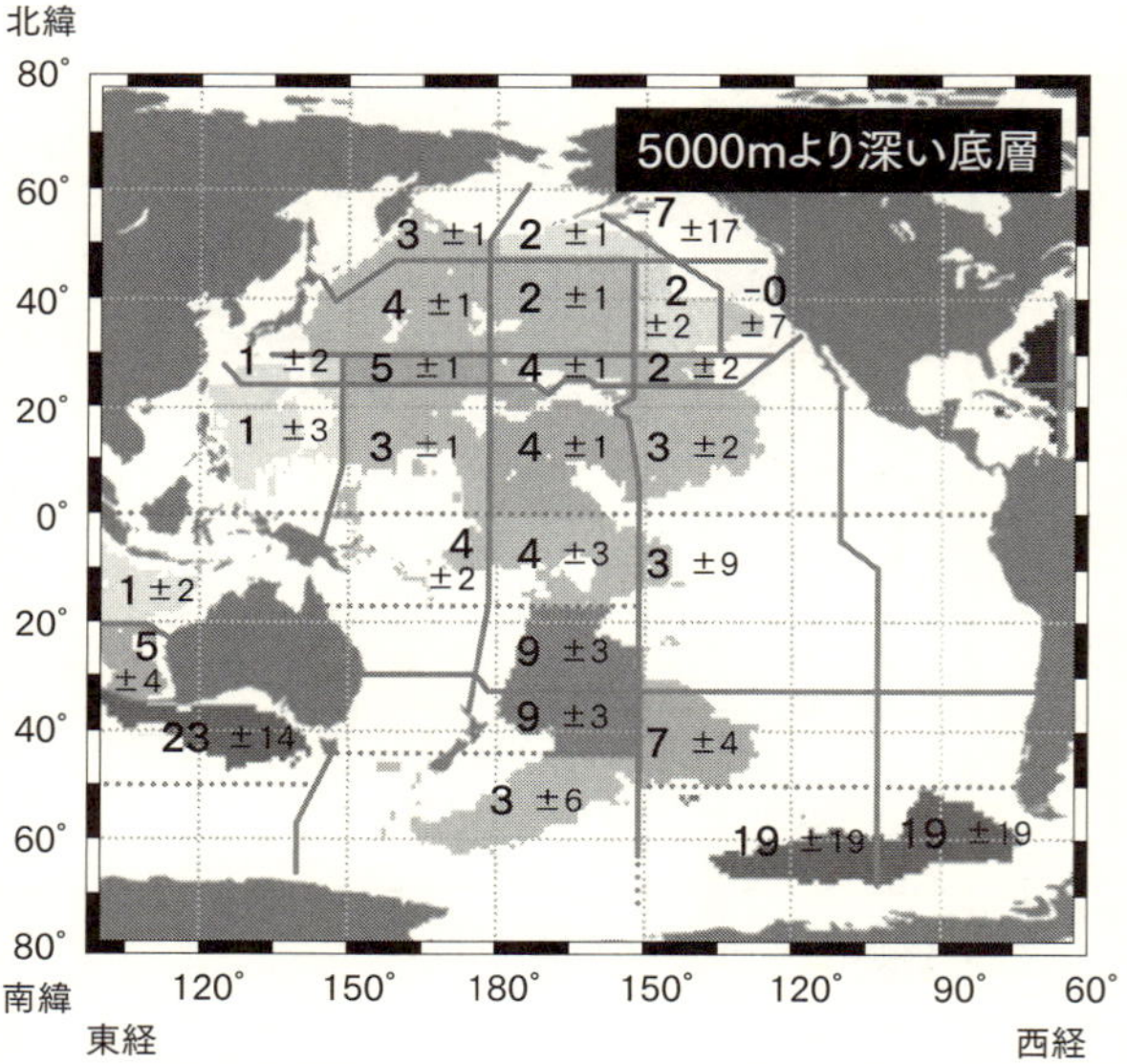

図1-9：太平洋の底層水温の10年間の変化（Kouketsu *et al.* (2011)の図を改変）。ここで「3±1」とは、0.003±0.001℃の水温上昇を示す。

ャル水温が、1990年代から2000年代にかけての10年間にどれだけ上昇したかを、1000分の1℃単位で示した研究例です。

ここでポテンシャル水温とは、深層の現場で実測された水温から水圧による温度上昇分を除いた水温のことで、ある深度における海水を周囲との熱のやりとりなしに海表面に移動させたときに、その海水が示す温度です。

水温の上昇はごくわずかですが、誤差0・001℃以下という高い精度で測定すると、変化のようすが見えてきます。図1-9にあるように、太平洋のほぼ全域にわたって、10年間に０・００１〜０・０１９℃の範囲で、底層水の水温が増加していることが明らかになったのです。これは、地球温暖化によって、北極海や南極海における高密度表面水が生成しにくくなり、以前ほど表面水が沈み込まなくなったためであろうと推測されています。つまり、熱塩循環が全体として遅くなったために、海底からの地殻熱にさらされる時間が増え、それが底層水の水温上昇となって現れているのでしょう。

日本海でも、１９７７年からの約30年間で、底層水の水温が０・０３℃上昇したことを前著『日本海　その深層で起こっていること』で紹介しましたが、太平洋でも同じような現象が、はるかに巨大な空間スケールで観測されたということです。

1-7　太平洋の海水が変わりつつある——その②酸性化

大気中に増えつつある二酸化炭素は、もうひとつ、海の環境にとって非常に困った現象をもたらします。海洋の酸性化です。

大気中の二酸化炭素圧力が増加すると、大気から海洋へと移行する二酸化炭素の量も増えます。このプロセスによって、海洋は人類が大気中に放出している二酸化炭素のほぼ３分の1を吸収しています。そのぶん温室効果を和らげてくれるので、その点ではありがたいのですが、一方で海洋に棲《す》む一部の生物にとっては、死活に関わる大問題が控えています。

大気から海洋へ二酸化炭素が溶け込むと、海水中の炭酸（H_2CO_3）の濃度が増加します。炭酸は、弱いながらも酸であるため、海水のpHを低下させます。これが、海洋酸性化です。

酸性かアルカリ性かを示すのが、pHとよばれる数値です。pHの定義は、水素イオン濃度［H^+］（モル濃度）の常用対数にマイナス符号をつけたもの（$-\log[H^+]$）です。pHが7より小さければ酸性、7より大きければアルカリ性です。たとえば、レモン水やグレープフルーツジュースはpHが2～3の酸性、アンモニア水はpHが約11のアルカリ性です。海水のpHはどうかというと、表面水は8・1～8・2、深層水は7・5～7・6程度です。つまり、海水はごく弱いアルカリ性の性質をもっています。

図1－10に示したのは、1990年以来、太平洋のほぼ全域にわたって測定されてきた表面海水のpH平均値の変化を、1990～2010年の平均値に対する偏差として表したものです。1990年からの25年間で、pHがほぼ0・04低下してきたことがわかります。

「酸性化」といっても、決して海水が酸性（pH7以下）になるわけではありません。「酸性の方向に向かっている」ということです。たとえば8・10だったものが8・06程度に下がったということですので、この点を勘違いしないよう気をつけてください。

産業革命以後の過去150年間に累積された表面海水のpH減少は、約0・1と推定されています。

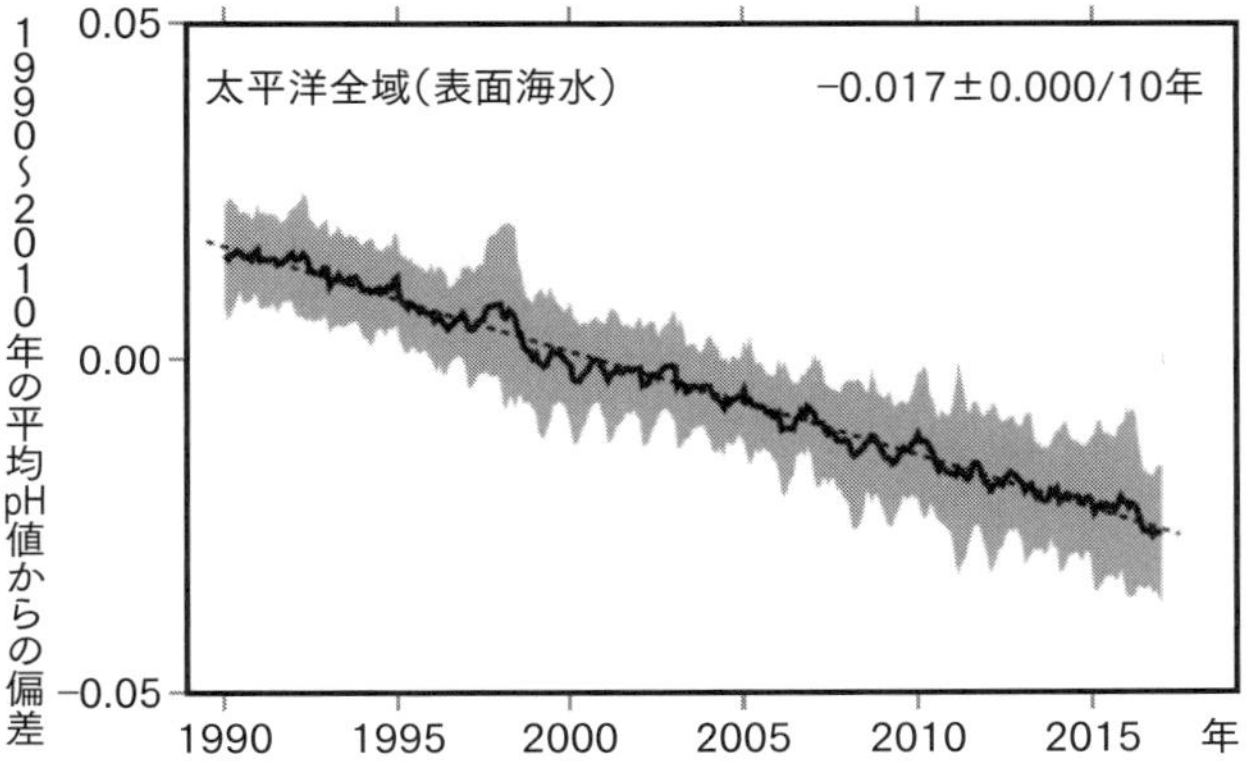

図1−10：太平洋の表面海水のpH値の時系列変化（気象庁のウェブサイトより）

これは、海水中の水素イオン（H^+）濃度が、約30パーセント増加したことに相当します。現在のペースで二酸化炭素の排出がさらに続けば、今世紀末にはpHの累積減少は0・4、H^+濃度は2・5倍に達すると予測されています。

　このようにH^+濃度が増加すれば、水酸イオン（OH^-）や炭酸イオン（CO_3^{2-}）は大きく減少します。すなわち、海洋酸性化は、海水の化学的性質そのものを変えてしまうのです。その結果、多くの化学元素の存在状態に変化が生じ、海水中の化学成分に依存している海洋の生命活動に影響が現れることが懸念されます。

　特に大きな影響を受けるのが、炭酸カルシウム（$CaCO_3$）の骨格をもつ海洋生物たちです。サンゴや貝、有孔虫やウニなどが該当します。海水中の炭酸イオンが減少することで、彼らは骨格そのものをつくりにくくなり、生存がおびやかされます。最悪の場合、絶滅するおそれがあります。
海洋温暖化も海洋酸性化も、その根源にあるのは人為的な二酸化炭素の放出です。二酸化炭素の削減に本腰を入れて取り組み、海洋の環境変化をきめ細かく監視しながら、各国の諸施策にフィードバックしなければならないことは、強調してもしすぎることはないでしょう。

1-8 太平洋の海水が変わりつつある――その③POPsとプラスチック汚染

温暖化と酸性化に加えて、さらにもうひとつ、人間活動に起因する大問題があります。人為的な汚染物質が、太平洋をはじめとする海洋全域に、静かに拡がりつつあるのです。なかでもPO《ポッ》Ps《プス》（Persistent Organic Pollutants）とよばれる難分解性有機汚染物質、およびプラスチックごみに注意しなければなりません。

POPsは、天然にはまったく存在しない、100パーセント人間がつくり出した有機物質群です。ここではその代表格として、PCB（ポリ塩化ビフェニル）を取り上げます。

PCBとは、図1-11に示したように、ベンゼン環が二つ結合し、ベンゼン環の水素原子のうち1～10個が塩素原子（Cl）と置き換わった物質です。塩素原子の数や立体構造の違いから209種類ものPCBが存在します。ここでは、それらを総称してPCBsとよびます。

ＰＣＢｓは、一種の油です。天然油に比べてきわめて安定で、不燃性・耐水性・絶縁性・耐薬品性など、理想的な性質を併せ持っています。かつて、〝夢の油〟ともてはやされたこともありました。１９３０年頃から製造が始まり、絶縁油・潤滑油・冷暖房の熱媒体・塗料・可塑《かそ》剤などとして大量に用いられた経緯があります。

ところが、１９６０年頃になって、人類はＰＣＢｓのもつ恐るべき毒性に気づきました。

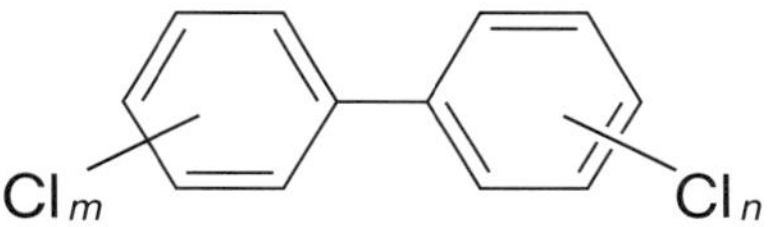

図1−11：PCB（ポリ塩化ビフェニル）の構造式（m＋nが1〜10の、さまざまな組み合わせがある）

ＰＣＢｓによる川魚の大量死や、野生動物の繁殖力低下が顕在化したのです。わが国では、「カネミ油症事件」というたいへんな食品公害が発生し、世間を震撼させました。「夢の油どころじゃない！」と、１９７０年代前半には先進諸国のほとんどがＰＣＢｓの生産を中止しました。しかし、その時点ですでに、世界中で１２０万トンという莫大な量のＰＣＢｓが生産されていたのです。

２００４年に発効したストックホルム条約（別名・ＰＯＰｓ条約）では、ＰＣＢｓには最も強い規制（製造・使用・輸出入の原則禁止）が課せられました。しかし、いくら生産をやめたからといって、それまで大量に合成されたＰＣＢｓは、その安定さゆえに容易には分解されず、いつまでも自然界に残り続けます。

焼却処理をしようとしても、８００℃以下の通常の焼却炉で燃焼すると、毒性のもっと強いダイオキシンに変わってしまいます。特別な高温処理にはお金がかかるため、とりあえず隔離して保管されているのが現状です。

それでも、回収の網をくぐって漏れ出したり、不法投棄されたりしたPCBsが環境中に存在します。海洋では、水に溶けない性質のために海水で薄められることなく表面に浮かび、陸上では、沿岸の堆積物などに濃縮しています。世界中で生産されたPCBsのじつに約3割が、海洋もしくは陸上に散逸したと見積もられています（田辺、１９８５）。

もう一方のプラスチックごみも、PCBsと同じく、きわめて分解されにくい物質です。陸から海へ流出し、軽いために海面に浮かび、海流に乗って、外洋へとかんたんに拡がっていきます。北太平洋では、18ページ図１−１に示した亜熱帯循環に乗って、東アジアや北米大陸に由来するプラスチックごみが時計回りに回っています。南太平洋では、オセアニア地方や南米大陸からのプラスチックごみが、反時計回りの亜熱帯循環に取り込まれます。

亜熱帯循環流の内側は、一種の吹きだまりのようになってプラスチックごみがベルト状に集積しており、「ごみベルト」というありがたくない名称でよばれています。

アメリカの市民科学者チャールズ・モアは、ハワイからカリフォルニア州のロングビーチまで、太平洋ごみベルトを横断して航海し、プランクトン採取用のネットを引き続けました。回収されたプラスチック片の数は、1平方キロメートルあたり、最大で33万個にも達したそうです。レジ袋やペットボトルのポイ捨ては厳に慎しまねばなりません。

1-9 マイクロプラスチックの恐怖

プラスチックは軽いので、海面を漂い続けます。その間に波に叩かれたり紫外線にさらされたりしてしだいにもろくなり、ボロボロになって細片化していきます。長さが5ミリメートル以下になったものを、特に「マイクロプラスチック」とよびます。

この先に、とんでもない話が続きます。石油からつくられるプラスチックは疎水性で、その表面に、やはり疎水性の性質をもつPOPsを吸着・濃縮してしまうのです。

図1-12は、東京農工大学の高田秀重教授のグループが明らかにした、海岸漂着プラスチックペレット中に含まれるPCBsの濃度です。先進工業国沿岸のプラスチックだけでなく、東南アジアやアフリカなどの開発途上国に漂着したプラスチックにまで、高いレベルのPCBsが含まれていることがわかります。

これは、プラスチック片やマイクロプラスチックが、海面を漂いながら長距離にわたって移動し、その間にPCBsを拾い集めたからに違いありません。海洋表面には、海水と混じらない疎

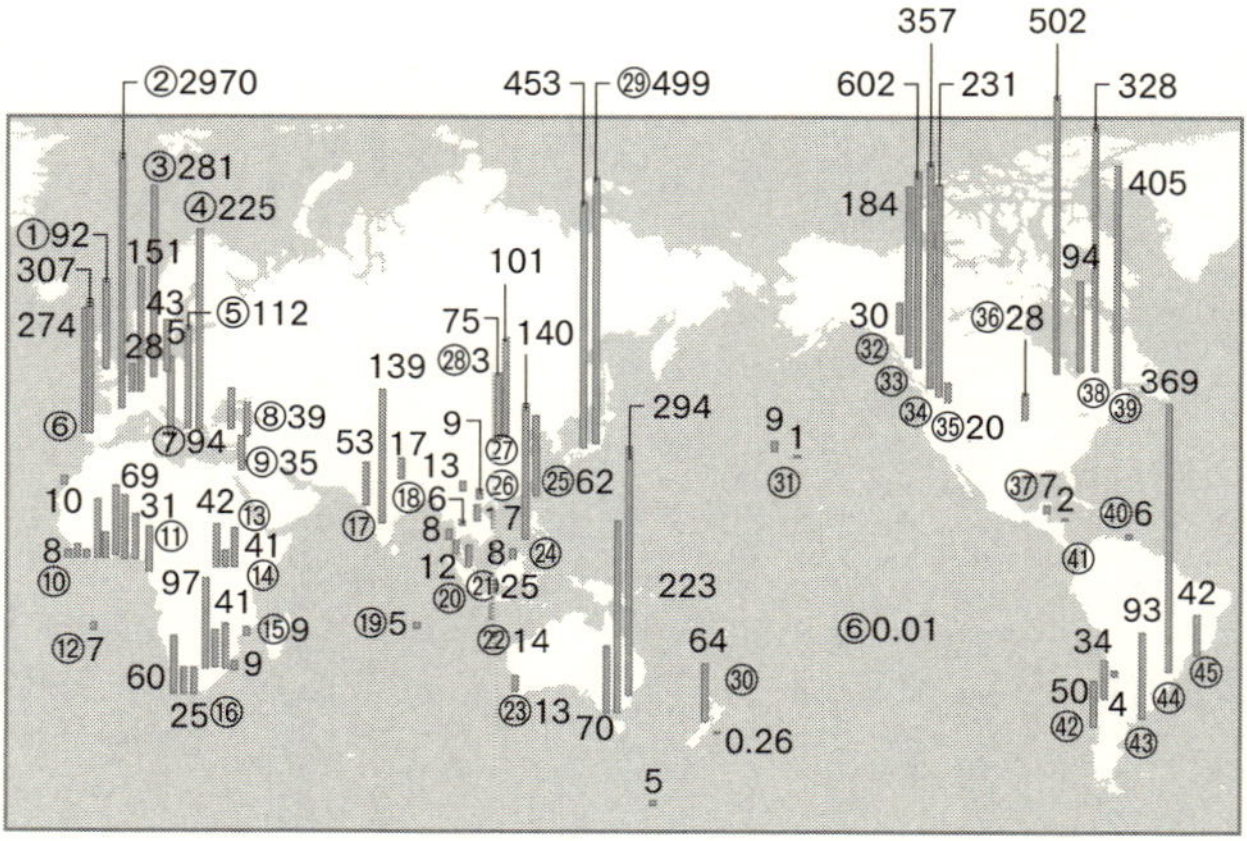

①イギリス　②フランス　③オランダ　④ギリシャ　⑤アルバニア　⑥ポルトガル　⑦イタリア　⑧トルコ　⑨イスラエル　⑩ガーナ　⑪赤道ギニア　⑫セントヘレナ　⑬スーダン　⑭ケニア　⑮モザンビーク　⑯南アフリカ　⑰インド　⑱タイ　⑲ココス　⑳マレーシア　㉑シンガポール　㉒インドネシア　㉓オーストラリア　㉔フィリピン　㉕台湾　㉖ベトナム　㉗香港　㉘中国　㉙日本　㉚ニュージーランド　㉛ハワイ　㉜シアトル　㉝サンフランシスコ　㉞ロサンゼルス　㉟サンディエゴ　㊱オハイオ　㊲コスタリカ　㊳ニュージャージー　㊴ボストン　㊵トリニダード・トバゴ　㊶パナマ　㊷チリ　㊸アルゼンチン　㊹ウルグアイ　㊺ブラジル

図1−12：海岸に漂着したプラスチックペレットに吸着していたPCBsの濃度（単位はng/g）（高田（2014）を改変）

水性の薄膜（ミクロレイヤー）が浮かんでおり、ＰＣＢｓはその中を漂っていると考えられます。そこにプラスチックごみがやってくると、ＰＣＢｓはその表面に吸着してしまうのです。

恐ろしいのはこのあとです。魚や海鳥などの海洋生物が、マイクロプラスチックを餌と見誤って摂食します。するとＰＣＢｓは、消化器の中でマイクロプラスチックからはがれ、そのまま生物の脂肪組織に取り込まれていきます。「生物濃縮」とよばれる現象です。

生物濃縮は、小さな魚から大きな魚へと、食物連鎖を経て格段に進んでいきます。製造が停止されて、やれ安心と思っていたPCBsが、人知れず海をめぐりめぐったあとに、マイクロプラスチックを経て魚の体内に濃縮し、ついにはぼくたちの食卓に上ってくるかもしれないのです。まさに、悪夢の邂逅《かいこう》としかいいようがありません。

また、海洋生物に取り込まれたPCBsの一部は、やがて生物の死骸の断片とともに、海洋表層から深層へと沈降していくでしょう。世界で最も深い、西太平洋のマリアナ海溝チャレンジャー海淵(水深1万920メートル)で採取されたエビ類の体内から、高濃度のPCBsが検出されたという戦慄すべき事実が、このような鉛直輸送経路の存在を暗示しています(第7章で詳述)。

＊

本書の幕開けとなるこの第1章ではまず、「柔らかい」太平洋、すなわち、この広大な海を満たす海水について、その性質やダイナミックに循環する姿を紹介してきました。そして、その海水が近年、少しずつ変質しつつあること、すなわち、海洋環境に生じつつある重大な変化についてお話ししました。

続く第2章では、「堅い」太平洋の姿に迫ります。海水を取り除いたその奥底には、どのような世界が待ち受けているのでしょうか?

COLUMN ❶

「太平洋」の名付け親は？

直訳すれば「平穏な海」という意味をもつ「太平洋（Pacific Ocean）」の呼称は、いつ、誰がつけたものなのでしょうか？

先に答えを明かすと、16世紀の初頭、世界一周航海を初めて行い、南米大陸南端のマゼラン海峡にその名を遺す探検家、フェルディナンド・マゼラン（図1－13）による命名であると伝えられています。

15世紀半ばから17世紀半ばにかけて、ヨーロッパ諸国（主としてスペインとポルトガル）は、海の向こうの新しい大陸（アフリカ、アジア、アメリカ大陸）を目指し、大規模な航海を競って実施します。文化人類学者・歴史学者の増田義郎は、この時代のことを「大航海時代」と名付けました。

大航海時代が始まった頃の中世ヨーロッパの人々にとって、七つの海といえば、大西洋、地中海、黒海、カスピ海、紅海、ペルシャ湾、およびインド洋でした。彼らの意識の中に、太平洋はまだ、影も形も存在しませんでした。コロンブスが、自身の発見した新大陸をインドかアジアの一部と思い込んでいたように、当時、彼らの地理観から、この広大な海はほとんど欠落していたのです。

スペインの探検家バスコ・ヌーニェス・デ・バルボアは、太平洋を最初に見たヨーロッパ人として、歴史に名を遺しています。

1513年9月1日、パナマ地峡の向こう側にあるという黄金郷（エル・ドラード）を目指し、行軍を始めたバルボア一行は、灼熱と熱病に苦しみながら、インディオの来襲は残虐に排除して、ひたすら前進しました。そして同月25日、ついに太平洋沿岸（現在のパナマ湾沿岸）に到達したのです。彼は、眼前に広がる大洋に「南海」（South Sea、スペイン語でMar del Sur）という名前をつけました。

図1–13：「太平洋」の名付け親、フェルディナンド・マゼラン（1480?–1521）（写真提供：GRANGER.COM/アフロ）

この「南海」を初めて横断したヨーロッパ人こそ、フェルディナンド・マゼランなのです。彼はもともとポルトガル生まれの航海者・探検家でしたが、ポルトガルでは冷遇されていました。しかし、スペイン国王の信頼を得たことから、世界初の大偉業を達成するチャンスがめぐってきます。
ポルトガルでは当時、ヴァスコ・ダ・ガマが、アフリカ大陸南端の喜望峰を回ってインド洋へ抜ける航路を1498年に発見し、1511年にはマラッカを支配下に置くなど、インドを経由する東南アジア地域への貿易路を確立しつつありました。その先には、ヨーロッパ人にとって垂涎《すいぜん》の的である香料、特に丁子（クローヴ）やニクズク（ナツメグ）を産出するモルッカ諸島（香料諸島）があったのです。

ポルトガルと張り合っていたスペインは、逆回りのコースで東南アジアに達するルートを開拓しようと試みました。当時の世界観によれば、バルボアが確認した「南海」を少し西へ行けば、すぐさま東南アジアにぶつかるはずでした。航路さえ確立すれば、インド洋をはるばる迂回するポルトガルよりも、ずっと早く東南アジアに到達でき、劣勢を挽回できる――。その役目を託されたのが、マゼランというわけです。

1519年8月、スペインのセビリアを出港した5隻からなるマゼラン艦隊は、南米大陸に沿って大西洋をひたすら南下し、「南海」へ抜ける海路を探し求めました。困苦の末に、きわめて狭い水路――マゼラン海峡を発見し、「南海」に到達します。そのときマゼラン艦隊は、反乱などによって3隻に減っていました。

ほっとしたのもつかの間、「南海」が果てしなく広い海であることに、マゼランは愕然とします。行けども行けども、海また海。島影すらなく、新鮮な食料も水もいっさい補給できません。彼らはおがくずやネズミを食べ、腐った水を飲み、3ヵ月以上も西進しなければなりませんでした。ようやく見つけたマリアナ諸島を経て、フィリピンのセブ島に到達したものの、マゼラン本人はセブ島対岸のマクタン島であえなく戦死してしまいます。

その後、船団はわずか1隻に減り、当初は２３７名だった隊員はわずか18名しか残りませんでしたが、彼らは１５２２年９月にスペインに帰国し、ここに人類史上初の世界一周がみごとに達成されたのです。

　隊員たちは帰国の途上、抜け目なくモルッカ諸島に立ち寄り、船に丁子を満載していたそうです。その利益によって、世界一周に要した莫大な費用をまかなうことができたと伝えられています。当時の香料貿易が、いかにおいしいものであったかを彷彿《ほうふつ》させるエピソードですね。

　さて、マゼランがひたすら西へ西へと航走した「南海」では、南東貿易風に乗ってずっと穏やかな海況が続き、時化《しけ》に遭遇することもありませんでした。そこでマゼランは、この海に「穏やかな海」（Pacific Ocean、スペイン語でMare Pacificum）という名前をつけたのです（マゼラン本人ではなく、他の乗船者の命名によるとする説もある）。

　やがてこの名称が定着し、世界に広まりました。中国語で「太平海」と訳されたものが江戸時代に日本に伝来し、明治維新の頃「太平洋」の呼称が人口に膾炙《かいしゃ》したと伝えられています。

第2章

「堅い」太平洋
——その海底はどうなっているのか

19世紀より以前の人類は、太平洋も含めた世界中の海について、その海底がどんな地形をしているのか、ほとんど何も知りませんでした。当時の人々は、「海底には起伏がなく、のっぺりとした平面がずっと続いているのだろう」といった程度の、ごくあいまいな認識しかもっていなかったと考えられます。

ところが、20世紀に入る頃から観測頻度が高まり、また観測手法が向上したことで、海底の地形は、のっぺりどころか、複雑な凹凸に満ちたものであることが、しだいに明らかになってきました。このあたりの歴史については、第6章で詳しくお話ししたいと思います。

本章ではまず、図2−1に示す太平洋のおおまかな海底のようすを見ながら、「堅い」太平

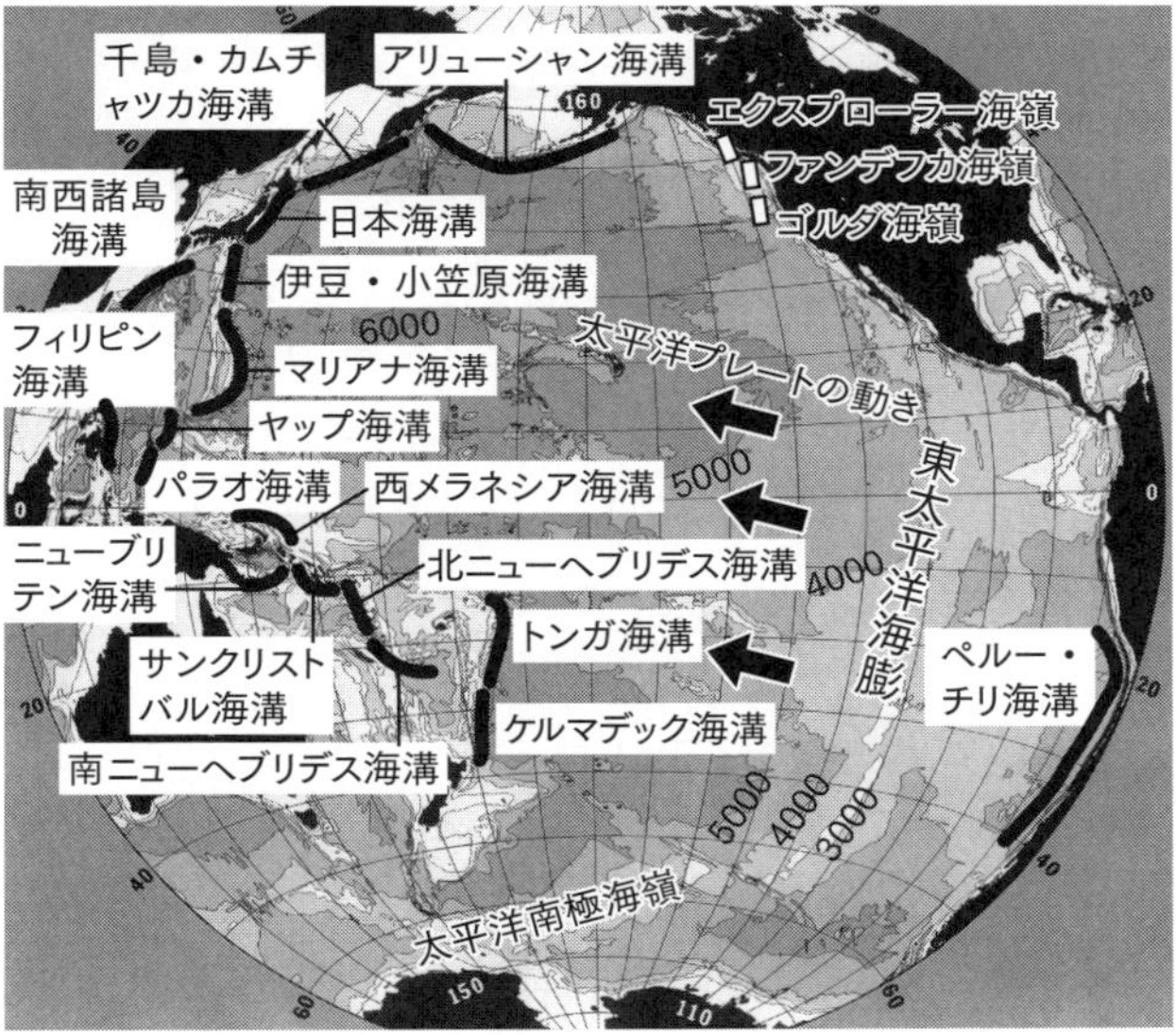

図2－1：太平洋のおおまかな海底地形（中央海嶺と海溝）

洋、すなわち、その海底地形がもつ基本的特徴を押さえておきたいと思います。

2-1 東から西へ、太平洋の海底は「下り坂」

太平洋の東側から見てみましょう。ほぼ南北方向に、ゆるやかな弧を描いて連なる大規模な山脈が目につきます。「中央海嶺」とよばれる海底の火山山脈です。

こんどは、太平洋の西側を見てください。黒いイモ虫がたくさん這《は》い回っているように見えるのは、すべて「海溝」です。その名のとおり、細長く深い、海の溝《みぞ》です。西太平洋

	海溝名	海域	最大深度点		
			深度（m）	緯度 N：北緯 S：南緯	経度 E：東経 W：西経
1	マリアナ海溝	西太平洋	10920	11° 23'N	142° 25'E
2	トンガ海溝	西太平洋	10800	23° 15'S	174° 45'W
3	千島・カムチャツカ海溝	西太平洋	10542	44° 04'N	150° 11'E
4	フィリピン海溝	西太平洋	10540	10° 13'N	126° 41'E
5	ケルマデック海溝	西太平洋	10177	31° 56'S	177°19'W
6	伊豆・小笠原海溝	西太平洋	9701	29° 48'N	142° 38'E
7	北ニューヘブリデス海溝	西太平洋	9174	12° 11'S	165° 46'E
8	ニューブリテン海溝	西太平洋	8844	7° 01'S	149° 10'E
9	サンクリストバル海溝	西太平洋	8641	11° 17'S	162° 49'E
10	プエルトリコ海溝	大西洋	8526	19° 46'N	66° 56'W
11	日本海溝	西太平洋	8412	36° 05'N	142° 45'E
12	ヤップ海溝	西太平洋	8292	8° 24'N	137° 55'E
13	南サンドウィッチ海溝	大西洋	8125	56° 15'S	24° 50'W
14	パラオ海溝	西太平洋	8021	7° 48'N	134° 59'E
15	ペルー・チリ海溝	東太平洋	7999	23° 22'S	71° 21'W
16	アリューシャン海溝	中央太平洋	7669	50° 53'N	173° 28'W
17	南西諸島海溝	西太平洋	7531	24° 31'N	127° 22'E
18	スンダ海溝	インド洋	7204	11° 10'S	118° 28'E
19	南ニューヘブリデス海溝	西太平洋	7156	23° 04'S	172° 09'E
20	西メラネシア海溝	西太平洋	6887	0° 34'S	149° 23'E

表2-1：世界の海溝最深部トップ20（Jamieson (2015)による海溝一覧表に基づく。海溝名はGEBCOによる名称に統一した）

には、海溝が目白押しであることがわかります。

表２－１に、全世界の海溝の最深部トップ20を示しました。圧倒的に太平洋、それも西太平洋に深い海溝が集中していることが、一目瞭然です。

東太平洋にある中央海嶺は、深海底から盛り上がった山脈であり、その山頂部の水深は２０００～３０００メートル程度です。この中央海嶺の西側斜面を下り、西へ西へと向かっていくと、太平洋の水深は４０００～５０００メートルとしだいに増していき、海溝の手前では深さ６０００メートルほどにいたります。そしてその先で、１万メートル級の海溝へと落ち込んでいきます。

つまり、太平洋の海底地形をごくおおまかにまとめれば、中央海嶺のある東側が浅く、西へ向かうほど深くなる「下り坂」であることがわかります。ただし、ツルッとなめらかな下り斜面ではなく、ところどころに、出っぱり（島や海山）がたくさんあることにも注目してください。

２－２　世界有数のマグマ供給源「中央海嶺」

東太平洋を縦断する中央海嶺は、細かく見るといくつかの区画に分かれており、それぞれに名称がつけられています。北からエクスプローラー海嶺、ファンデフカ海嶺、ゴルダ海嶺、東太平

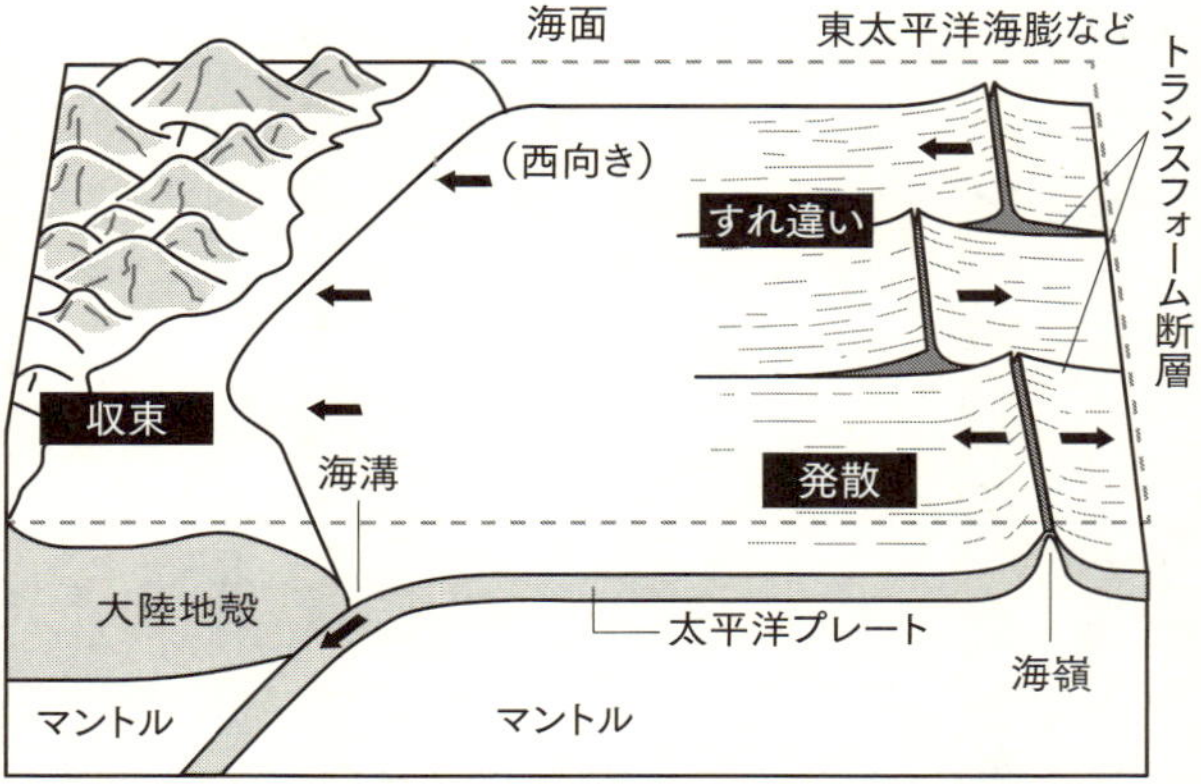

図2−2:太平洋のプレートテクトニクス概略図(小出(2006)による図を改変)

洋海膨、そして、太平洋南極海嶺へと続きます。

中央海嶺では、地球内部のマントルから熱いマグマが噴き出しています。それが固結して新しい海底がつくられ、中央海嶺の左右に拡がっていきます。プレートテクトニクスの基本的な考え方です。

図2−2は、太平洋におけるプレートの動きの概略を示したものです。中央海嶺は、点状に連なる海底火山というよりも、この図にあるように、海底の割れ目が帯状に続くものです。左右にプレートが分かれていくところから、中央海嶺は一般に「発散的プレート境界」とよばれます。

東太平洋の中央海嶺では、年間あたり左右に約10センチメートルの速さで、新しい海底が生み出されています。大西洋やインド洋にも中央海嶺があり、新しい海底がつくられているのですが、東太平洋における年10センチメートルという拡大速度は、世界の中央海嶺のなかで最速のレベルです。それだけさかんに火山活動が起こり、大量のマグマが供給されているということですね。

なかでも、圧倒的な存在感を誇るのが、東太平洋海膨です（図２－１参照）。東太平洋海嶺とよばれることもありますが、大西洋やインド洋の中央海嶺に比べて、東太平洋海膨は海底の隆起がずっとなだらかです。ふつう中央海嶺の頂上部には、中軸谷とよぶ深い凹み（谷）があるのですが、東太平洋海膨ではそれが明瞭ではありません。そこで、「海嶺（Ridge）」ではなく、「海膨（Rise）」という名前で区別してよぶようになりました。中軸谷がはっきり形成されないのは、下からのマグマの供給量が多いためと考えられています。

中央海嶺は、ところどころで断層によって切られ、ずれ（ヽ）が生じています。これらの断層を「トランスフォーム断層」といいます（図２－２参照）。東太平洋海膨の最北部はカリフォルニア湾を貫いたあと、カリフォルニア州の陸上を縦断するサンアンドレアス断層という長いトランスフォーム断層に沿ってずれ（ヽ）、その先がゴルダ海嶺の南端に続いています。

2-3　西太平洋に集中する海溝群

東太平洋の中央海嶺で誕生し、西向きに移動する太平洋プレートは、太平洋を延々と横断し、その西縁で大陸性のプレートにぶつかります。そして、太平洋プレートのほうが重いために、大陸プレートの下側に沈み込みます。その沈み込む場所が、海溝です（図2‐2参照）。

中央海嶺が発散的プレート境界とよばれるのに対し、海溝は「収束的プレート境界」とよばれます。東太平洋で生まれた太平洋プレートが、太平洋をはるばる横断し、西太平洋の海溝に姿を消すまで、1億〜1・5億年にも及ぶ、長い時間がかかります。

表2‐1ですでに見たように、最深部が1万メートルを超えるような〝スーパー海溝〟は、世界中で西太平洋にしか存在しません。太平洋の平均深度（4188メートル）が、大西洋（3736メートル）やインド洋（3872メートル）に比べてずっと深いのは、これらの海溝の寄与が大きいためと考えられます。

海溝では、沈み込むプレートとその前面にあるプレートとがこすれ合うため、地殻にひずみがたまります。そのひずみがときどき解放されると、海溝型の地震が発生します。ぼくたちの住む日本列島をはじめ、西太平洋で海溝に隣接する地域では歴史的に、大規模な地震によって建築物が損壊し、津波による深刻な被害を受け続けてきました。

海溝のどこで、いつ地震が発生するのか、その予測は今のところほぼ不可能です。過去の記録からおおまかな発生頻度を探り、備えを怠らず、災害を最小限に食い止める方策が大切です。

2-4 海中にもあった環太平洋火山帯

西太平洋の海溝群のすぐ西側には、中央海嶺とは別のタイプの火山群があります。これらの火山によって弧状列島や島々が形成され、一般に「島弧《とうこ》」、あるいは「島弧火山」とよばれています。海溝にほぼ平行して、細長く分布します。海溝と島弧火山は必ず連係することから、「島弧・海溝系」と、まとめてよぶこともあります。

図2-3は、北緯10度以北の、太平洋プレートの沈み込みに関わる島弧・海溝系を示したものです。北から千島・カムチャツカ海溝、日本海溝、伊豆・小笠原海溝、そしてマリアナ海溝が連なり、これらのすぐ西側に、島弧火山がずらりと並んでいます。実際には、この図に示したものの倍以上の火山がありますが、紙幅の都合上、主要な火山のみ示しています。

東北日本の多くの火山や、伊豆・小笠原海溝に平行して点々と連なる伊豆七島、鳥島、硫黄島、西之島などは、すべて島弧火山の範疇《はんちゅう》に含まれます。明神礁や日光海山、春日海山などの海底火山も、数多く知られています。

古く冷たいプレートが海溝で沈み込むと、その西側にどうして火山ができるのでしょうか？詳しくは第5章でお話ししたいと思いますが、重要なポイントは、沈み込むプレートがマントル

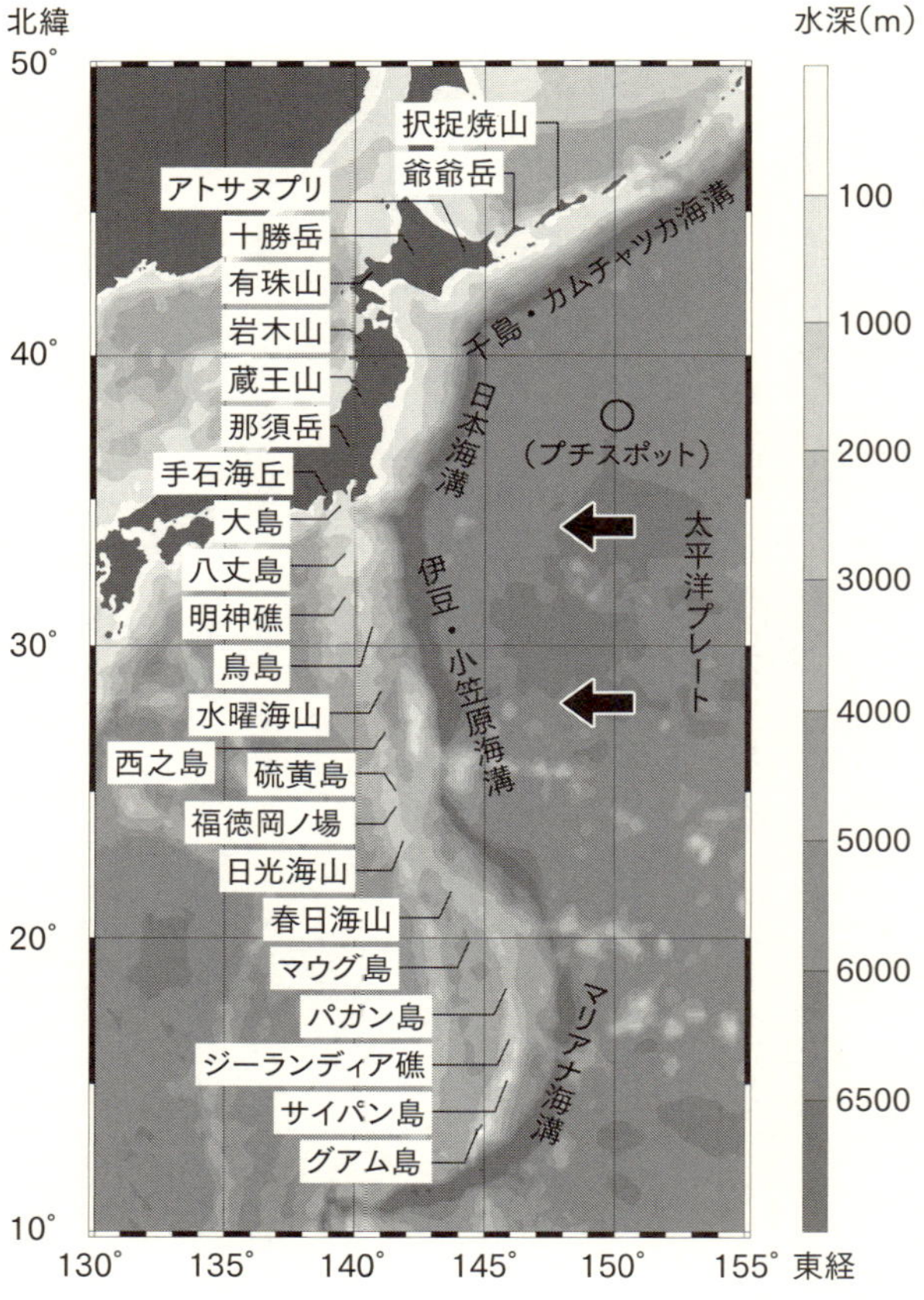

図2−3：北西太平洋において太平洋プレートが沈み込む海溝群と、その西側に連なる島弧火山の数々(日本海溝東方の「プチスポット」については 2-6節を参照のこと)

に大量の水を供給するところにあります。この水がマントル物質と反応することでその融点を下げ、マグマが発生しやすくなるために火山が生じるのです。

太平洋を取り囲む陸上では、ベルト状に火山が連なっていることから、以前より「環太平洋火山帯（Ring of Fire）」とよばれてきました。火山による造山運動を重視した「環太平洋造山帯」という呼称もあります。

一方、太平洋という海に視座を移してみると、太平洋の海底にある火山もまた、首飾りのように環状をなしていますね。東側には中央海嶺、西側には島弧の海底火山群というふうに、活動的な火山が、太平洋の縁辺に沿ってぐるりと並んでいます。

米国の海洋大気庁（ＮＯＡＡ：National Oceanic and Atmospheric Administration）はかつて、海底火山の

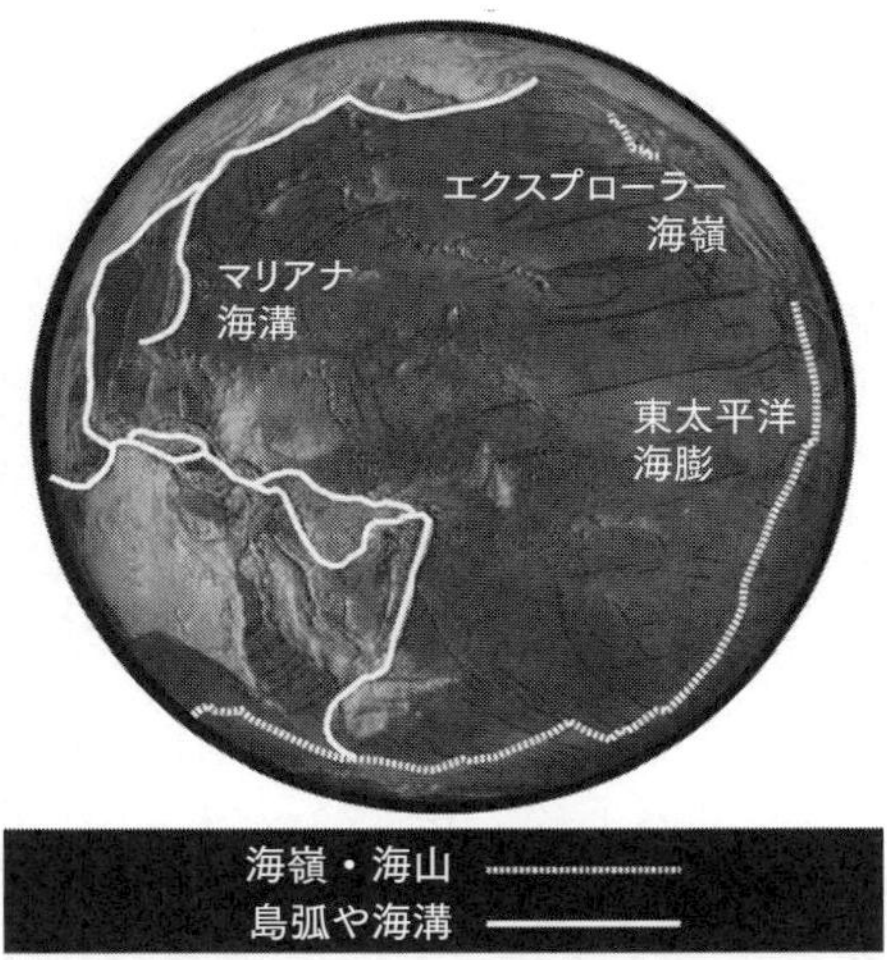

図2−4：太平洋の環火山帯（Pacific Ring of Fire）（米国NOAAのウェブサイトより）

新しい研究プロジェクトを立ち上げた際に、図2-4のような図とともに「太平洋の環火山帯(Pacific Ring of Fire)」という呼び名を提案しました。活発な火山活動によって特徴づけられる太平洋のイメージが、まるごと伝わってくる絶好の名称ですので、本書ではこのあとも、折に触れてこうよびたいと思います。

2-5 マントルプルームとホットスポット火山

太平洋の火山といえば、もうひとつ、重要なタイプの火山があります。「ホットスポット」とよばれる、マントル深部に由来する単独の火山活動です。前節で見た太平洋の環火山帯(図2-4)には含まれない、まったく別種の火山で、太平洋のあちこちに点在しています。観光地として有名なハワイ島は、代表的なホットスポット火山のひとつです。

ハワイを含め、ホットスポット火山島や海底火山の位置を、図2-5にまとめました。ホットスポットは、中央海嶺系や島弧・海溝系のように帯状に連なることはなく、太平洋のあちこちに散らばっていることがわかります。まさしく〝スポット〟ですね。

ホットスポットからはプレートを突き抜けてマグマが噴出し、火山体をつくります。そして、冷え固まった火山体はプレートと一体化するため、太平洋プレートとともに移動していくことに

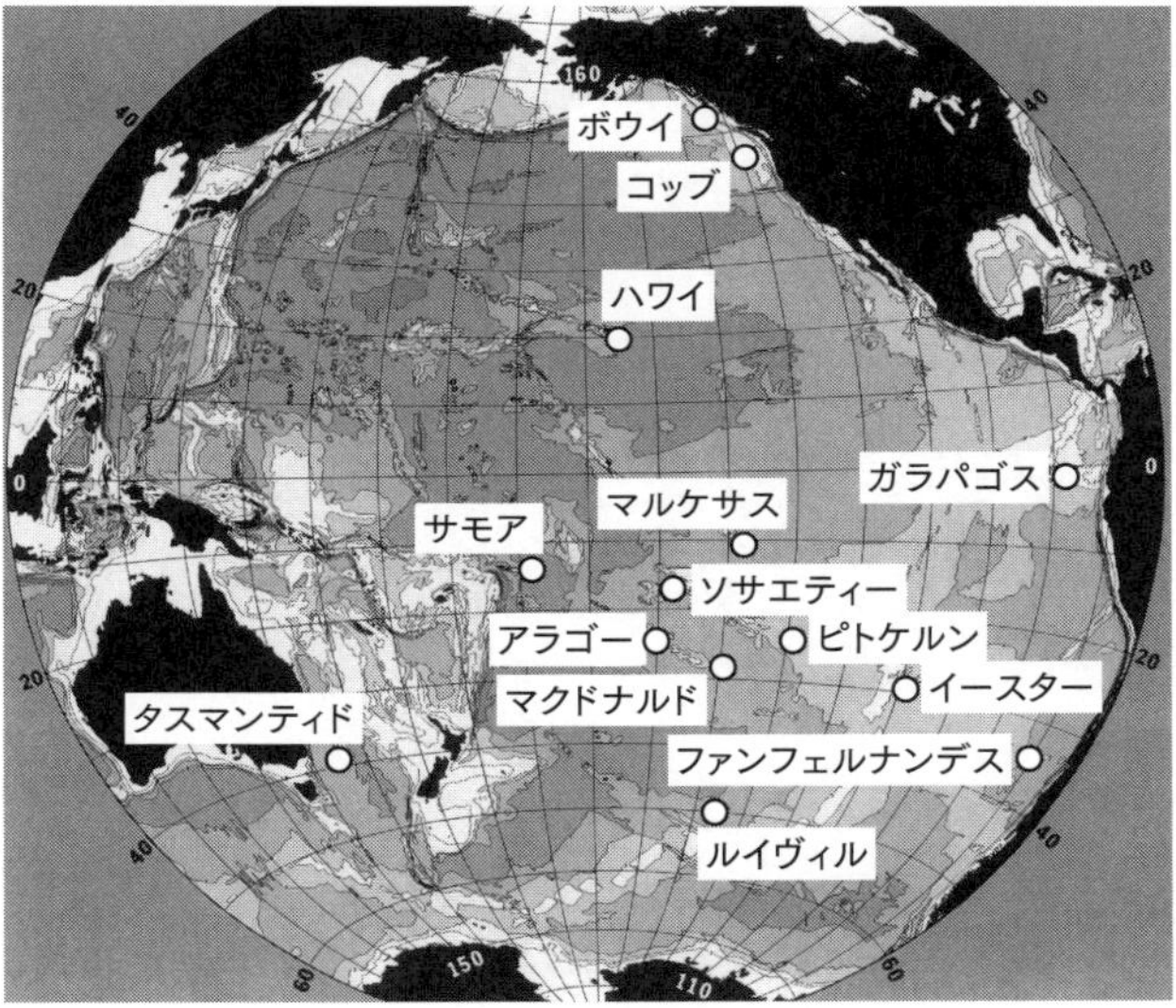

図2−5：太平洋に点在する主なホットスポット

なりますが、ホットスポットそのものはプレートの動きと無関係に存在し続けます。したがって、移動する火山体はやがてホットスポットから外れてしまい、そこで火山活動が終息します。

このようにして活動を終えた古いホットスポット火山は、プレートの拡大方向に沿って整然と並びます。たとえば、ハワイ島の西側に並ぶマウイ島やオアフ島は、かつては火山島でしたが、現在はもう活動していません。

ホットスポット火山の源は、中央海嶺や島弧とは比べものにならない、地球のたいへん深いところにあると考えられています。

地球の内部がどうなっているのかを

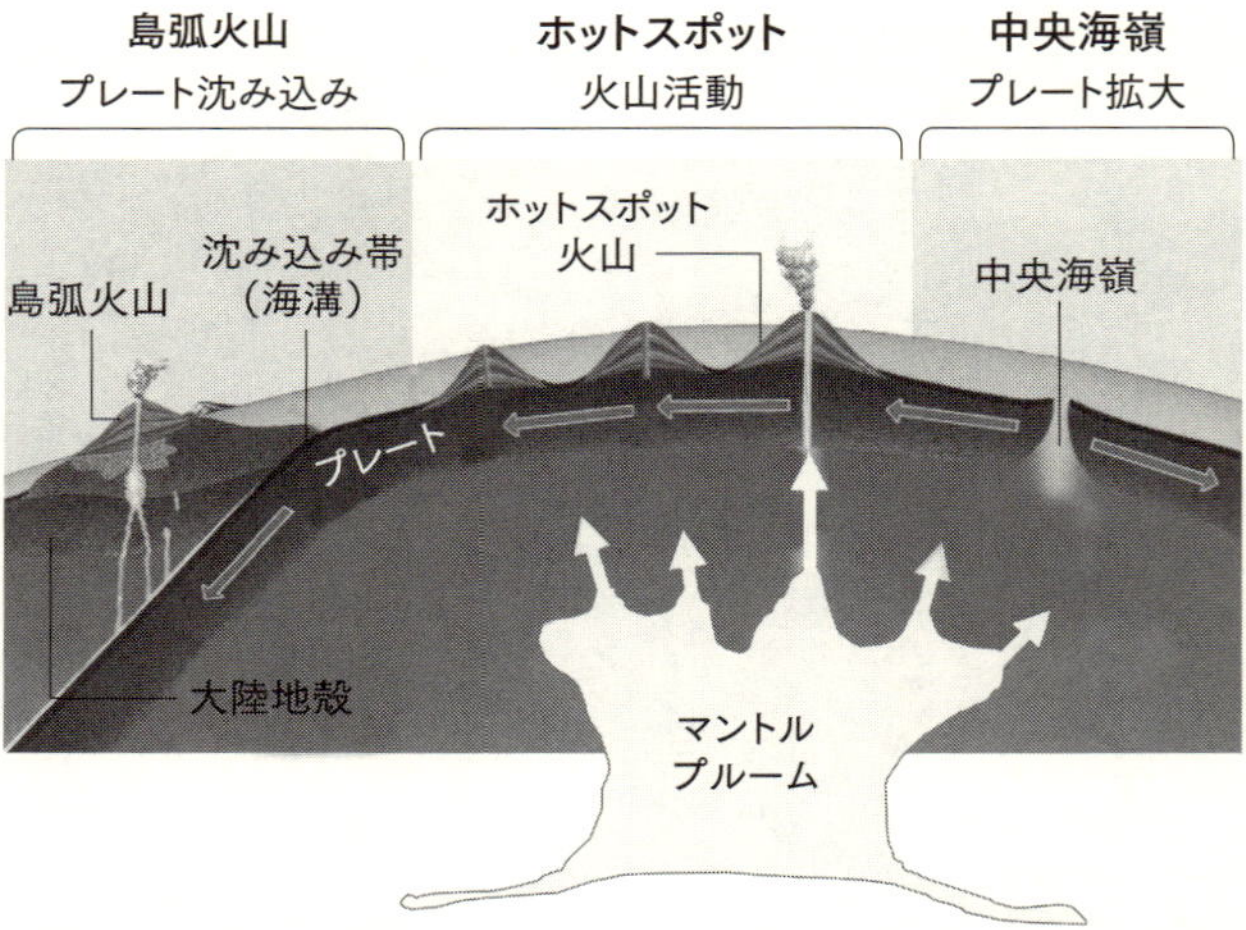

図2−6：太平洋の海底下を東西方向に輪切りにした模式図（www.geologyin.com/2015/01/the-relationship-between-igneous-rocks.html の図を改変）

調べる「地震波トモグラフィー」という手法があります。ちょうど人体の内部をX線や超音波で断面診察するCTスキャンと同じ原理で、地球深部（マントル）の断面構造を地震波で調べるのです。この方法によれば、太平洋のほぼ中央部に、地球の深部、それもコアと接するほど深い、マントルの最深部からやってくる巨大な上昇流（マントルプルーム）のあることがわかります。

マントルプルームのイメージを、中央海嶺や島弧火山とともに示したのが図2−6です。マントルプルームが実際にどんな形状をしているのかは、まだよくわかっていません。もやもやと上昇するにつれて枝分かれし、図2−5にあるように海底面のあちらこちらに噴出し、海底火山や火山島を生み出していると想像されます。続く第3章で、典型的なホットスポット火山であるハワイ諸島を詳しく取り上げたいと思います。

海底火山は、地球の深部を覗き込む「窓」に喩《たと》えられるほど、研究者にとってたいへん魅力的な存在です。海底火山の並び方、噴火様式、噴出物の化学的性質など、さまざまな情報を統合することによって、地球内部で何が起こり、その結果として、どのように多様な火山が生み出されるのか、マントルの岩石や鉱物はどんな化学組成をもっているのか……等々、重要な問題を解く手がかりが得られるからです。

2-6 「第四の火山」が見つかった！

前節までに、①中央海嶺の火山、②島弧・海溝系の火山、そして③ホットスポット火山について見てきました。太平洋のあらゆる火山は、これら3種類のいずれかに区分けされる――長いあいだ、ずっとそう考えられてきました（本書では、島弧火山のさらに西側に見られる背弧海盆の火山には言及しませんが、これは広い意味で島弧・海溝系の火山に含まれるとします）。

ところが最近になって、このいずれにもあてはまらない新種の火山、すなわち〝第四の火山〟

が見つかりました。
２００６年、気鋭の地質学者・平野直人博士（現・東北大学准教授）が、太平洋プレートが海溝に沈み込む少し手前、三陸のはるか沖合の深さ約６０００メートルの深海大平原（54ページ図２-３参照）において、ふしぎな火山群（プチスポット）を発見しました。

東太平洋の中央海嶺で生成した太平洋プレートが、このあたりまでたどり着くのに１億数千万年という長い年月が経過しています。プレートは冷え切り、とても火の気がありそうな場所には思えません。

ところがそこに、直径１〜２キロメートル、高さ数百メートルと小ぶりではあるものの、無数ともいえるほどたくさんの火山が発見されたのです。火山岩の年齢はさまざまですが、１億年どころか、５万〜８５０万年という若いものばかりで、地球史的にいえばごく最近に活動した火山であることがわかりました。サイズが小さく（プチ）、点状（スポット）に分布することから、「プチスポット火山」と名づけられました。

このふしぎな火山の形成プロセスは、図２-７のように考えられています。太平洋をほぼ水平方向に移動し、これから海溝に沈み込もうとする古く冷たい太平洋プレートは、海溝に近づくにつれて少しずつ下向きに折り曲げられ、海溝の手前では湾曲して盛り上がります。この地形の盛り上がりを「アウターライズ（海溝周辺隆起帯）」とよびます。

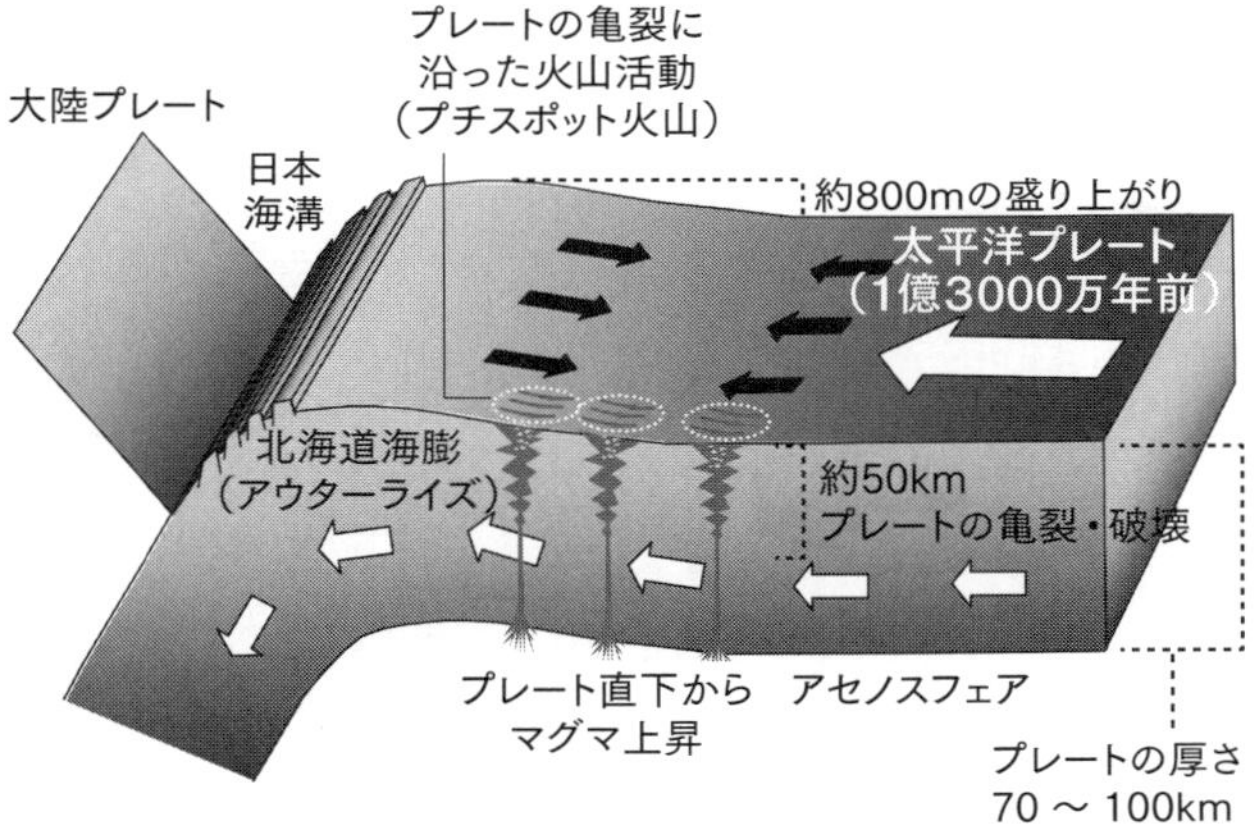

図2−7：プチスポット海底火山のしくみ（平野(2011)の図に加筆）

アウターライズの少し手前、すなわちプレートが湾曲しはじめるあたりでは、プレートに横方向の力がはたらき、裂け目が生じることがあります。すると、プレート下側のマントルからマグマの上昇する火道ができ、海底火山ができるというわけです。

火道が通じただけでマグマが上昇してきたということは、もともとプレートの下側にあるマントル（アセノスフェアとよびます）は、ところどころで融けていたことになります。詳しく調べてみると、プチスポットの火山岩は、中央海嶺やホットスポットの火山岩に比べて多量の二酸化炭素を含んでいることがわかりました。この二酸化炭素が火山岩の融点を下げ、アセノスフェアを部分的に融解しているらしいのです。

プチスポットはその後、伊豆・小笠原海溝、トンガ海溝、ペルー・チリ海溝、スンダ海溝など、あちこちで見つかりました。プレートの屈曲場であれば地球上どこでも起こりうる現象として、その重要性を急速に高めています。

2-7 海底火山と海底温泉——「熱い海水」の役割

ここで海底の火山にぐっと接近してみましょう。

多くの海底火山は、近くに温泉を伴っています。海底温泉、または海底熱水活動とよびます。マグマの熱によって海水が加熱されるために生じる現象です。太平洋の環火山帯（55ページ図2－4参照）やホットスポット火山のあちこちで、すでに数百ヵ所に及ぶ海底温泉が見つかっています。

海底温泉のしくみは、地下水がマグマによって加熱されて生じる陸上の温泉と似ています。海底でマグマが急冷されてできた火山体の表面には、多数の断層面や亀裂があります。これらの隙間から海水が火山体の内部に滲《し》み込み、高温のマグマによって加熱されるわけです。

陸上の温泉は100℃で沸騰しますが、海底温泉では水圧のかかっているぶん、沸点が上がります。水深が数千メートルという深海では、滲み込んだ海水は300～400℃程度まで加熱されても液体（熱水）のままです。このような高温熱水は軽いため、火山体内を急激に上昇し、海

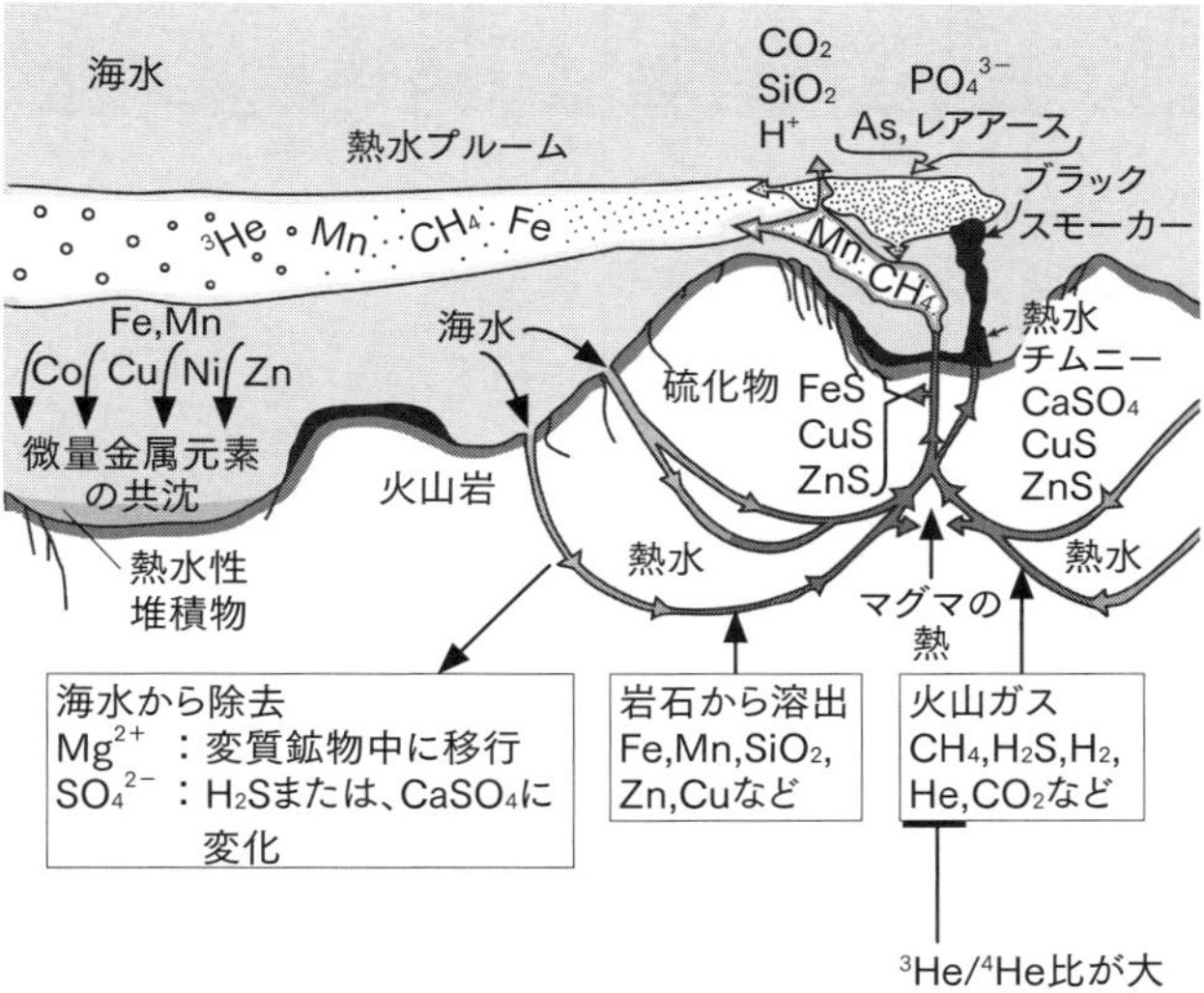

図2-8：海底の熱水循環のしくみ

底から温泉となって噴き出します。

このように、マグマの熱によって駆動される海水（熱水）の対流のことを「熱水循環」とよびます。図２－８は、熱水循環を模式的に示したものです。

熱水は、マグマや高温の岩石からさまざまな化学成分（重金属元素や火山ガス成分など）を高濃度で溶かし込み、それらを海水中に噴き出します。その逆に、もともと海水中に溶けていた化学成分の一部（マグネシウムイオン〈Mg^{2+}〉や硫酸イオン〈SO_4^{2-}〉）が、熱水循環の過程で海水から除かれます。

マグネシウムイオンは変質した鉱物中に取り込まれ、硫酸イオンは硫化水素ガス（H_2S）に還元されたり、カルシウム

主な化学成分	東太平洋海膨の熱水	ふつうの海水	濃度単位
ナトリウムイオン（Na^{+}）	430 - 510	463	mmol kg^{-1}
塩化物イオン（Cl^{-} ）	490 - 590	540	mmol kg^{-1}
マグネシウムイオン（Mg^{2+}）	0	53	mmol kg^{-1}
硫酸イオン（SO_4^{2-} ）	0	29	mmol kg^{-1}
カリウムイオン（K^{+} ）	25	10	mmol kg^{-1}
カルシウムイオン（Ca^{2+}）	22	10	mmol kg^{-1}
ストロンチウムイオン（Sr^{2+}）	70 - 100	87	μmol kg^{-1}
ケイ素（Si ）	22	0.16	mmol kg^{-1}
マンガン（Mn）	610	＜0.001	μmol kg^{-1}
鉄（Fe）	1800	＜0.001	μmol kg^{-1}
メタン（CH_4 ）	50 - 90	＜0.001	μmol kg^{-1}
硫化水素（H_2S ）	6.5	0	mmol kg^{-1}
pH値	3.3 - 4.0	7.8	
ヘリウム同位体比（$^{3}He/^{4}He$）	7.8	1	1.4×10^{-6}

表2－2：東太平洋海膨（北緯21度）における熱水の化学組成をふつうの海水と比較したもの

イオン（Ca^{2+}）と結合して硬石膏（$CaSO_4$）に変化したりします。これらの反応を経て、熱水の化学組成は、もともとの海水とは大きく異なったものとなります。

表2－2は、東太平洋海膨で採取された350℃の熱水の化学組成を、ふつうの海水の化学組成と比べたものです。全般に熱水のほうが濃度が高く、特に鉄やマンガンといった重金属元素は、熱水中にきわめて濃縮していることがわかります。一方、マグネシウムイオンや硫酸イオンは、先に述べたような海

底下の化学反応によって奪われるため、熱水には含まれていません。

地球上に海が誕生して以来、海水の化学組成は、陸の河川や大気、海底などと接することによってしだいに変化してきたわけですが、海底のあちらこちらで絶え間なく続いてきた熱水循環もまた、海水の化学組成を決めるうえで、重要な役割を果たしてきたことが窺《うかが》われます。

2-8　熱水の噴出と熱水プルーム

ここでもう一度、図2-8を見てください。

熱水は噴き出すとすぐ、周囲の冷たい海水と急速に混じり合います。高温で還元的（酸素を含まない）性質をもつ熱水に対し、海水は低温で酸化的（酸素に富む）と、両者はまるで正反対の化学的性質を有しています。

この両者が混合すると、いったい何が起こるでしょうか？

冷たい海水のほうが圧倒的に量が多いので、熱水は急激に薄められ、温度が急降下します。すると、高温の還元的条件下では溶けていた鉄（Fe）や亜鉛（Zn）などの重金属元素が、硫化物や酸化物、あるいは硫酸塩の細かい粒子（結晶）となって、いっせいに析出します。これらの粒子によって黒っぽく濁った熱水は、「ブラックスモーカー」とよばれます。また、この粒子が集ま

図2-9：東太平洋海膨（北緯21度）のブラックスモーカー（1979年、Dudley Foster撮影）

って固結すると、煙突状の構造物「熱水チムニー」が形成されます。

図2-9は、東太平洋海膨（北緯21度付近）の水深2600メートルの海底で、アメリカの潜水船「アルビン号」が撮影したブラックスモーカーと熱水チムニーのようすです。チムニーの内部に温度計を差し込むと、熱水の温度は350℃に達したといいます。

このような熱水がチムニーから噴き出し、上昇しながら急激に薄まっていきます。噴出口から200～300メートルほど上部では、熱水は1万倍またはそれ以上に希釈されます。こうなると、周囲の海水と密度がつりあって、もうそれ以上は浮き上がらずに、以後は水平方向にたなびくようになります。これを「熱水プルーム」とよびます（図2-8参照）。煙突から出て、真横にたなびく煙に似ていますね。

表2－2からわかるように、熱水中のマンガン（Mn）や鉄（Fe）、メタン（CH_4）はふつうの海水より50万倍以上も濃度が高いので、もし熱水が1万倍に薄められても、濃度の異常をまだ十分に検出できます。研究船を用いて海底火山周辺の海水を広く採取し、これらの化学成分を分析すれば、濃度異常の分布から熱水プルームの存在や形状が推定できるわけです。

海底温泉がどこにあるのか、まだわからないとき、まず熱水プルームを観測して、その拡がり方から熱水の源がどこにあるのかたどっていく――。これが、熱水調査の常套手段なのです。

2－9　熱水に群がる奇妙な生き物たち――「深海のオアシス」

深海底にはふつう、ごく少しの生物しか棲んでいません。理由は明白で、餌がないからです。

一方、海洋の表層にはたくさんの生物がいて、植物プランクトンを一次生産者とする食物連鎖で相互につながっています。植物プランクトンは、太陽エネルギーを用いて光合成を行いますが、光合成ができるのは、太陽光線の届く深さ200メートル程度までです。

それより深い、真っ暗な深海に棲む生き物たちは、はるか上部の海面付近から光合成有機物（生物の死骸や排泄物など）の断片が落ちてくるのをじっと待っています。しかし、有機物はほとんどが降下中に分解されてしまうため、深さ数千メートルの深海底ともなると、ごくわずかし

図2−10：東太平洋海膨(北緯21度)の熱水生物群集(1979年、Fred N. Spiess撮影)

か落ちてきません。そこはまさに、砂漠のような厳しい環境なのです。

ところが、深海の熱水噴出域のまわりには、びっくりするほど大量の生物がいます。砂漠とは正反対なので、「深海のオアシス」とよぶ人もいます。その一例を図2－10に示します。なぜ、これほど多くの生物が密集して生息できるのでしょうか?

その秘密は、熱水に含まれる水素やメタン、硫化水素などの還元性物質にありました。これらの物質からエネルギーを取り出して、有機物、すなわち自身のからだを合成できる微生物がいます。光合成ならぬ、「化学合成」とよばれる現象です。熱水噴出域のような特殊な環境において、このような化学合成微生物を一次生産者とする食物連鎖系が確立されると、そこで信じがたいほど大量の生物が繁栄できるのです。

長さ30センチメートルもある巨大な二枚貝（シロウリガイ）や、真っ赤なエラを優雅に出し入れするチューブワーム（ハオリムシ）。これらの動物は、体内に化学合成微生物を共生させ、彼らがつくり出した有機物を分けてもらうことによって、生命活動を維持しています。

彼ら熱水性の生物群集にとって、熱水はまさに「命の綱」とよべるでしょう。熱水活動が終息したり、あるいは熱水チムニーが沈殿物によってふさがったりすると、彼らの生存はただちにおびやかされます。別の熱水噴出口に移動できなければ、死滅するしかありません。その意味でも、「オアシス」の喩《たと》えは理にかなっているといえそうです。

ところで、高温でも生息できる好熱性の微生物は、地球上の生命の起源に近い存在と考えられています。すなわち、太古の熱水活動域こそ、最初の生命が誕生した場所かもしれないのです。「有機物である生命が、いかにして無機物から誕生したのか？」という謎の解明に向けて、熱水活動域を対象とするさまざまな研究が、文字どおり「熱く」続けられています。

2-10 熱水活動が育む金属資源

一方で高温熱水は、ぼくたちの生活になくてはならない希少な重金属類（レアメタル）を、海底の岩石から溶かし出し、海底まで運び出してくれる重要な役割も果たしてくれています。鉄や銅、亜鉛、金、銀などです。純度の高い鉱物としてまとまって存在する場合は、特に「熱水鉱床」とよび、商業的な開発の対象となります。

先ほど、噴出する熱水が大量の海水によって希釈され、重金属類が細かい粒子となって一気に析出すること、そして、それがもくもくと黒い煙のように見え、ブラックスモーカーとよばれることをお話ししました。この細かい粒をそっくり集めることができればいいのですが、残念ながら熱水プルームとなって、あたり一面に吹き散らされてしまうため、鉱床としては失格です。

熱水鉱床として有望なのは、むしろ高温の熱水が噴出する前に、海底下で沈積する硫化物です。噴出する前の熱水が上から滲み込んできた冷たい海水と接触すると、温度が下がります。すると、金属硫化物の溶解度が低下するので、溶解度より過剰に溶存していた金属硫化物がまとまって析出するのです。このような金属硫化物は純度も高く、規模の大きなものは熱水鉱床として有用です。太平洋の環火山帯（55ページ図2－4参照）やホットスポット火山の周囲に分布することが期待されており、探査が進められています。

もう一つ、硫化物鉱床とは別に、最近は「レアアース泥」という新しい海底資源が注目を集めています。レアアース（希土類元素：ランタンからルテチウムまでのランタノイド15元素に、スカンジウムとイットリウムを加えた17元素）を濃縮している海底堆積物が、東太平洋海膨の西側の深海底に広く分布していることが明らかになったのです（加藤、２０１１）。

このレアアース泥の生成には、東太平洋やホットスポットの熱水活動が強く関わっていると推測されています。熱水プルームの中には、鉄を含む粒子や、マグマが急冷されたときに生じる微細なガラス質の鉱物（フィリップサイト）が懸濁《けんだく》していますが、それらが海水中にごくわずか含まれているレアアースを吸着し、濃縮していきます。そして、熱水プルームとともに遠方まで運ばれ、やがて海底面に沈積したものがレアアース泥になると考えられています。

レアアースの優れた磁気特性や光学特性は、現代の先端科学・技術分野にとって欠くことができません。強磁石や蛍光体、レーザーや光ディスクなど、さまざまな需要があります。しかし、世界のレアアース市場は激しい価格競争の結果、中国国内の鉱床レアアースが９割方を独占している不均衡な状況にあります。そのため、太平洋産のレアアースを安価に回収できるようになるかどうか、今後の技術革新に期待が寄せられているのです。

日本列島の陸上の金属資源には限りがありますが、太平洋に拡がるＥＥＺには、膨大な海底資源がまだ眠っています。今後、詳細な探査を行い、資源として活用できるかどうかが、わが国の未来を大きく左右するのではないでしょうか。

＊

第１部では、「柔らかい」太平洋と「堅い」太平洋に分けて、この広大な海の特徴と性質を概観してきました。太平洋がどのような海であるのか、その全体像をおおまかに摑《つか》んでいただけたことと思います。

続く第2部では、太平洋の深層を特徴づける二つの特徴＝「出っぱり」と「へこみ」のうち、前者に注目して詳しく見ていくことにします。大海原の奥底に聳《そび》え立つ火山の中には、現在進行形で活発に活動を続けるものも多く存在します。

いったいどんな光景が待ち受けているのか――。まずは読者のみなさんを、その火口の間近にご案内することにしましょう。

COLUMN ❷

深海底の海山名あれこれ

海底の地形にも陸上の地形と同様、固有の名称が必要です。しかし、個々の研究者が勝手気ままに命名したのでは、同じ地形に複数の名前がつくなど、混乱を招くおそれがあります。そこで、海底地形に名前をつける手続きには、国際的な統一が図られています。

　領海外の海底地形に名前をつけるには、国際水路機関（ＩＨＯ）とユネスコ政府間海洋学委員会（ＩＯＣ）が統括する海底地形名小委員会（ＳＣＵＦＮ）に提案し、そこでの審議を経る必要があります。国際的に確定すると、「ＧＥＢＣＯ《ジェブコ》海底地形名集」に掲載され、世界に周知されます。

　ＧＥＢＣＯは、「General Bathymetric Chart of the Oceans（大洋水深総図）」の略で、１９０３年にモナコ公国のアルベール１世によって始められました。現在では、ＩＨＯとＩＯＣが共同運営するＧＥＢＣＯ指導委員会が、世界全体にわたる海底地形図の作成を司《つかさど》っています。

　また、日本国内には、海上保安庁海洋情報部が統括する「海底地形の名称に関する検討会」があり、ＳＣＵＦＮではタッチしない領海内の地形も含め、１０００を超える地名を決めています。その一部はＳＣＵＦＮに提案され、国際的に登録されています。

「海底地形の名称に関する検討会」では、海山にどのような名前をつけているのでしょうか？　具体例を見てみましょう。

単独の地形には、発見した観測船の名前をつけたり、著名な海洋学者の名前をつけたりします。たとえば、海上保安庁の測量船「拓洋」の発見した5番目の海山には、「拓洋第五海山」という名前がついています。

一群の地形に対しては、共通性のある名称群をつける場合があります。このタイプには、日本的で楽しい名称がたくさんあります。

たとえば、二十四節気からとった大寒海山、夏至海山、啓蟄《けいちつ》海山、秋分海山などにはじまり、陰暦の月名からとった睦月海山、水無月海山、師走海山などが知られています。


「えっ、ほんと!?」と、思わず笑いが込み上げてくるような名称もあります。秋の七草海山群（ききょう海山、すすき海山、なでしこ海山ほか）、長寿海山群（還暦海山、古希海山、白寿海山ほか）、七曜海山群（月曜海山、水曜海山、土曜海山ほか）などなど。これらはすべて、GEBCOにも登録されています。

興味のある方は、海上保安庁海洋情報部のウェブサイト（http://www1.kaiho.mlit.go.jp/）をぜひ覗いてみてください。

なお、古代の天皇名がつけられている「天皇海山群」には、じつにふしぎな来歴があるのですが、これについては第4章で詳しくご紹介します。

2部

聳え立つ海底の山々

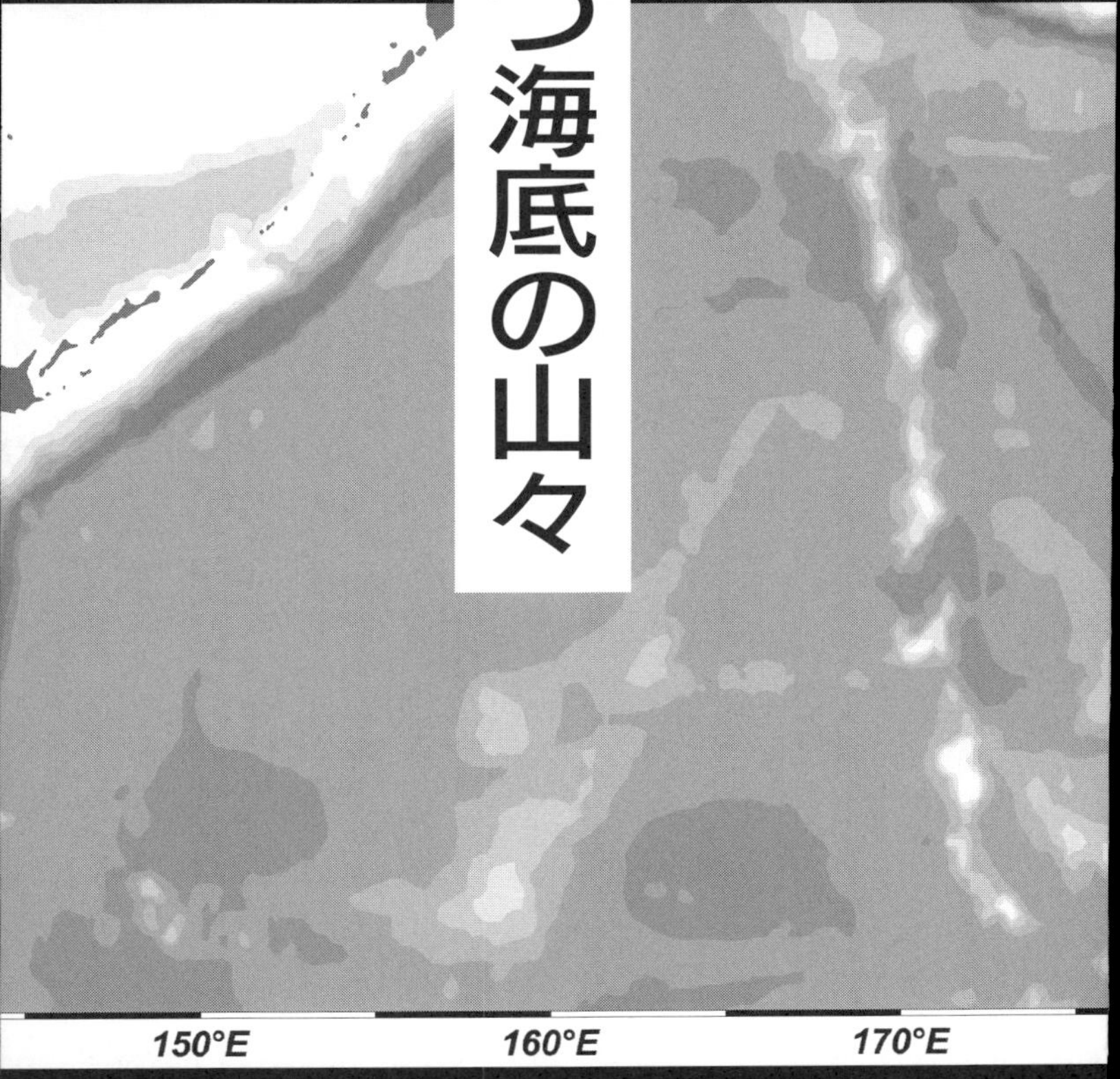

第3章 ハワイ沖に潜む謎の海底火山

第3章から第5章まで、3章構成でお届けするこの第2部では、太平洋の海底地形を特徴づける「出っぱり」と「へこみ」のうち、前者の「出っぱり」に注目します。

海面からは窺い知ることができませんが、そのはるか下の深みに広がる海底は、陸上と同様、起伏に富んだ表情豊かな光景を有しています。いったいどんな姿が隠されているのか、海底に聳える山々を俯瞰《ふかん》してみることにしましょう。

3-1 超弩級の火山島「ハワイ」

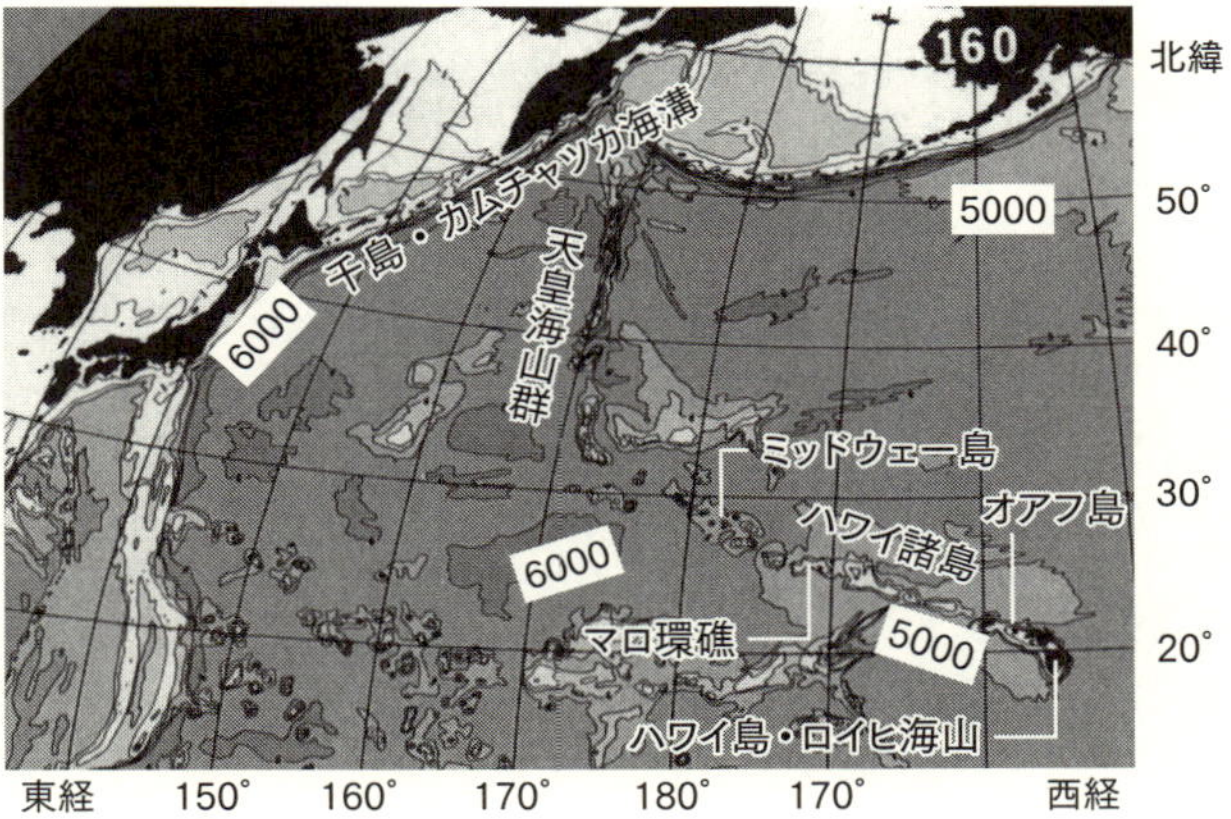

図3−1：北西太平洋におけるハワイ諸島と天皇海山群の連なり

北太平洋のほぼ中央付近に、観光地として名高いビッグアイランド・ハワイ島、マウイ島、ハワイ州の州都・ホノルルのあるオアフ島などが並んでいます。これらハワイ諸島から日本列島までを含む、太平洋の北西部にズームインしてみましょう（図3−1）。

第2章で述べたように、ハワイ島は現在も活発に火を噴く、太平洋を代表するホットスポット火山です。2018年5月にハワイ島のキラウエア火山で起きた大規模な噴火は、付近の住民1700名に避難命令が出たほどで、記憶に新しいところです。

ハワイ島を起点として、西に向かってオアフ島、マロ環礁、ミッドウェー島など、かつてのホットスポット火山が続き、ハワイ島から離れるほど古くなります。これら火山の連なりは、東経1

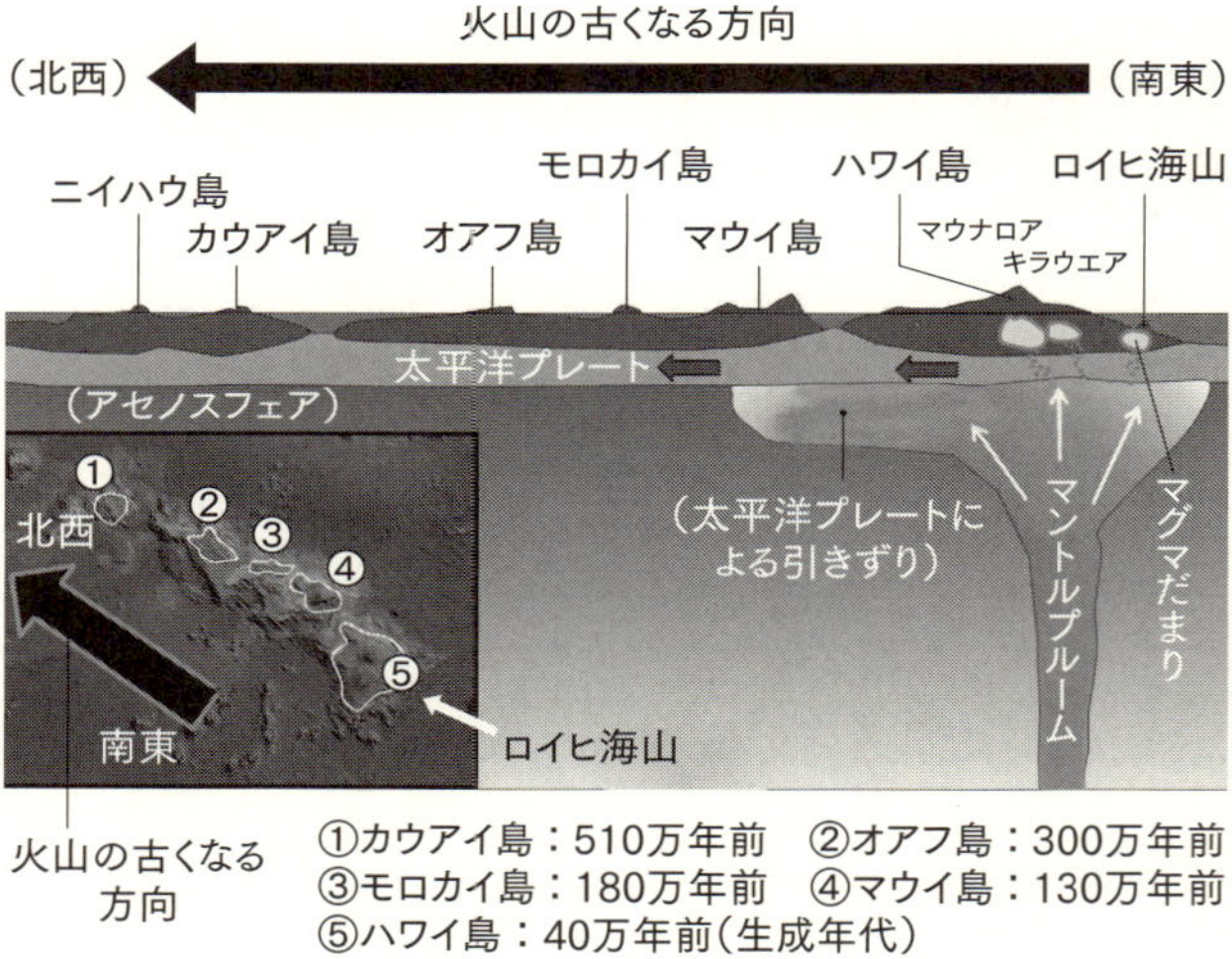

図3−2：移動するハワイ諸島と、ロイヒ海山の断面（Rob Gamesbyによる図を改変）

70度付近で急に北方に向きを変え、「天皇海山群」とよばれる海山の並びへと続きます。その先端は千島・カムチャツカ海溝へと沈み込んでいきます。

ハワイ島のほぼ直下に、マントル深部に由来するマグマの供給源（ホットスポット）があると考えられます。深海底から噴き出したマグマが火山を生み、それが何十万年もかけて成長し、ついに海面上に顔を出したのがハワイ島というわけです。

ハワイ島で最も高いマウナケア山は、海抜4205メートルもあります。水深約5000メートルの深海から聳え立っていることを考えれば、その高さは9000メートルを超えています。エベレストの８８４８メートルを凌《しの》ぐ、世界で最も高い山といえるかもしれません。ハワイ島は、まさに太平洋を代表する超弩級の火山島なのです。

第２章で述べたように、太平洋中央部に広がる海底——太平洋プレートは、東太平洋の中央海嶺で生まれ、年間10センチメートルほどの速さで、ほぼ西向きに移動しています。ハワイ諸島も、この太平洋プレートと一緒に西に動いています。

図３-２は、ハワイ諸島の主要な島の輪郭と、これら島々を乗せた海底の断面を模式的に示したものです。火山岩の年齢から推定した各島の生成年代は、図の下に示したように、ハワイ島から遠いほど古くなります。マウイ島は１７９０年頃に噴火したとの記録が残っていますが、モロカイ島から西では、人類による噴火の記録はありません。

3-2 地球の最深部につながるロイヒ海山

図３-３(a)に示したように、ハワイ島には大きな火山が５つ（①から⑤）あります。そしてもうひとつ、ハワイ島の南東沖、約30キロメートルにある海山を見落とすわけにいきません。ハワイのホットスポット火山としては最も新しい「ロイヒ海山」です。

ロイヒ海山の山頂部は、海面まであと１０００メートル程度のところにまで迫っています。５

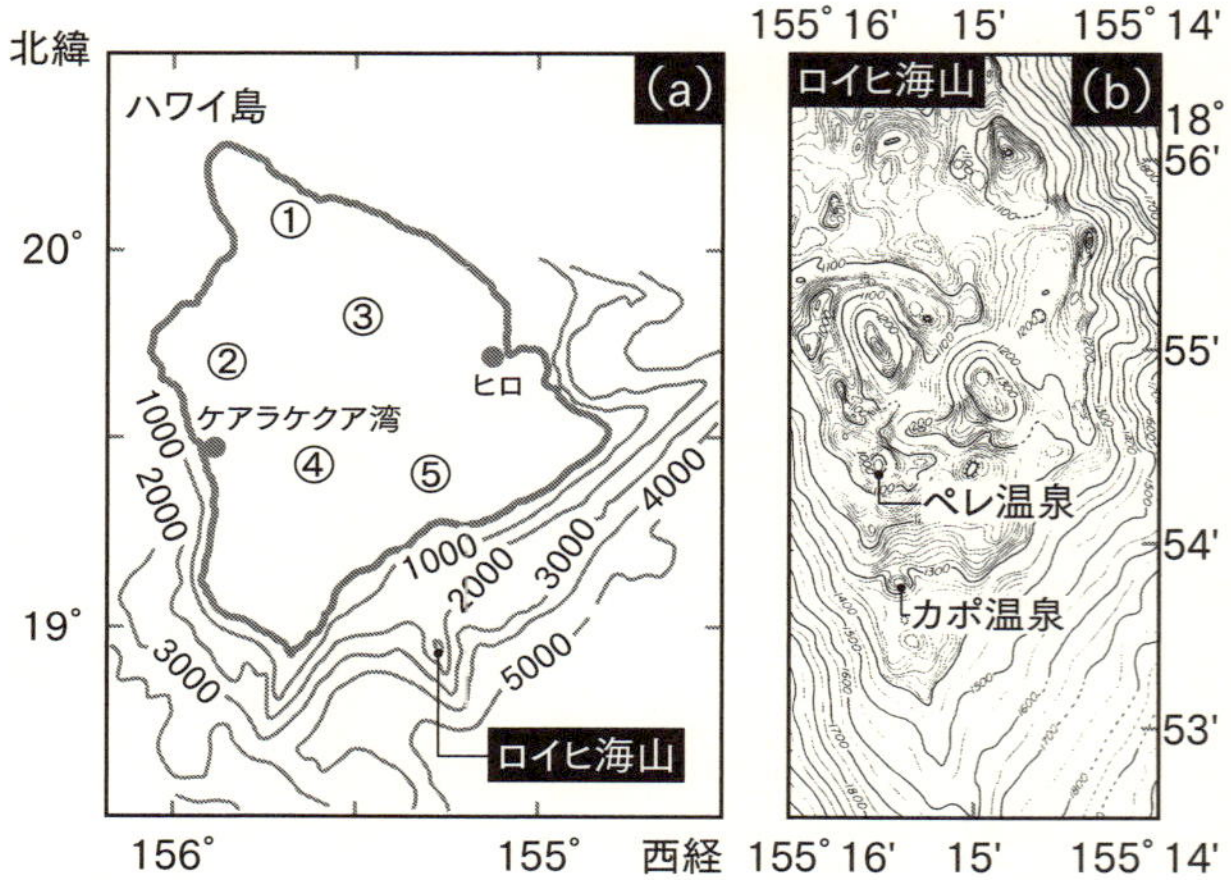

①コハラ：標高1670m
②フアラライ：2521m
③マウナケア：4205m
④マウナロア：4169m
⑤キラウエア：1248m

図3−3：ハワイ島とロイヒ海山(a)、およびロイヒ海山南部の拡大地形(b)（1996年の海底噴火前の図）

000メートルの深海底からの高さでいえば、富士山に匹敵する堂々たる火山です。

ロイヒ海山の存在が明らかとなったのは、1954年のことでした。発見当初は、東太平洋の海嶺付近で生まれ、太平洋プレートとともに移動してきた古い海山と目されていました。

ところが、1970年に海山の近くで群発地震が起こり、海底からは真新しい溶岩が回収されたことから、ハワイ島の弟分にあたるホットスポット火山であることが判明したのです。

ロイヒ海山は、南北方向に細長い、鏃《やじり》のような形をしています。その形状から、ハワイ語で「長い」の意味をもつ“Lōʻihi”が、そのまま名前になりました。

ホットスポットのマグマは、マントルのずっと深部、地球のコアに近いところに起源があると考えられるので、地球深部の貴重な情報源となります。そのため、ロイヒ海山は一躍、多くの研究者の注目を集める存在となりました。

米国・カリフォルニア大学スクリップス海洋研究所による先駆的な調査が、１９８３年に堀部純男、金慶烈、およびハーモン・クレイグのグループによって行われています。彼らは、研究船から採水器を降ろし、ロイヒ海山の山頂付近から海水を採取して化学分析を行いました。そして、熱水活動の証拠となる高濃度のメタンガスやヘリウム同位体比の異常を発見したのです。

貴ガスの一種であるヘリウム（He）からは、ホットスポットに特有の情報が得られています。ヘリウムには、質量数3の軽いヘリウム（^{3}He）と質量数4の重いヘリウム（^{4}He）の二つの同位体があります。じつはマントル中には、地球創成時に捕獲されたヘリウムがいまだ残存しているのですが、このヘリウムは大気中のヘリウムに比べて同位体比（^{3}He／^{4}He）が高いため、熱水中のヘリウムを分析すれば、マントル由来のヘリウムの存在を確認することができるのです。

たとえば、64ページ表2－2に示したように、東太平洋海膨（北緯21度）の熱水からは、^{3}He／^{4}He比が大気中のヘリウムに比べて7・8倍も高いヘリウムが検出されています。

このようなマントルヘリウムの同位体比異常（同位体比が大きいこと）は、マントルの深部ほど大きくなります。ロイヒ海山の熱水をいくつか採取してヘリウムの同位体比を調べた例によれば、大気ヘリウムの7・8倍どころか、22〜27倍というものすごい異常値が得られています。ロイヒ海山は明らかに、マントルの非常に深いところとつながっているのです。

3-3 研究船「白鳳丸」でハワイ島へ

前節で紹介したような背景をふまえて、ロイヒ海山の学術的な重要性が日本においても強く認識されるようになりました。地質学、海洋化学、岩石・鉱物学など、さまざまな分野の研究者が結集して総合研究を行うべく、1985年に、東京大学の研究船「白鳳丸《はくほうまる》（初代）」（3226トン、図3-4）が、ロイヒ海山の調査に向かうことになりました。

リーダーは、東京大学海洋研究所の酒井均教授が務め、ぼくもその補佐役のひとりとして乗船しました。日本国内のさまざまな大学や研究機関から26名、米国・ハワイ大学から3名、およびNHKのカメラマン2名を加えた総勢31名が乗船し、白鳳丸の船室は完全に満員となりました。

航海に先立って、酒井研究室では、ロイヒ海山の立体模型を作成したり、秋田県・八幡平の地熱地帯を歩き回ったりして、海底熱水活動のイメージトレーニングがさかんに行われました。

同年8月6日に東京港・晴海埠頭を出港した白鳳丸は、ハワイ島に着くまでのあいだ、北太平

図3-4：学術研究船「白鳳丸」（初代）（東京大学大気海洋研究所提供）

洋亜寒帯海域における太平洋深層水の化学的調査を約３週間行ったのですが、船上ではその合間に、ロイヒ海山の模型を囲み、探査の方法について、ああだこうだと喧々囂々《けんけんごうごう》のミーティングが続きました。

白鳳丸は8月30日にハワイ島東部のヒロに入港し、燃料や食糧補給のために４日間を同地に着岸して、航海は一休みです。しかし、ここで遊んでいるわけにはいきません。ハワイ島の火山を見たり触ったりして、さらにイメージトレーニングを積むのです。

ぼくにとって初めてのハワイ島でした。入港の翌日、酒井教授以下、約10名の火山調査グループに混ぜてもらい早速、車でキラウエア火山へと向かいました。

キラウエア火山は標高１２４８メートル。その山頂は、５キロメートル×３キロメートルの楕円形をしたカルデラです。カルデラの縁に、米国地質調査所のハワイ火山観測所があり、そのすぐ目の前のカルデラ底には、直径約１キロメートルの円盤状に陥没したハレマウマウ火口が見えます（図3－5）。その内壁のあちこちから、白い噴煙がもうもうと立ち上っていました。

火山観測所を訪れ、数台の地震計が整然と並ぶ観測室を見せてもらったり、所員のみなさんから、火山の観測方法や現在の活動状況などについて教えてもらったりしました。

火山の周辺は、観光客のために、火口を避けてドライブ道が整備されています。その道を南東方向に下ると、あたり一面は固まったばかりの、つやつや光る黒い溶岩の大地です。それは、パホイホイ溶岩とよばれる縄状溶岩でした（図3－6）。

溶岩の上を歩いても、熱くはありません。表面をよく見ると、まるで金髪のような針状結晶にびっしりと覆われていました。現地の方々によれば、これはハワイの女神「ペレ」の髪の毛なのだそうです。

流れた形そのままに固まった溶岩が、ぐにゃぐにゃと波打って、海岸の方向へと続いていま

図3－5：ハワイ火山観測所付近から見たハレマウマウ火口（1985年撮影、人物は筆者）

す。

「これがハワイ火山だ！」――しみじみと実感した瞬間でした。

図3−6：パホイホイ溶岩を観察する酒井均教授（1985年、筆者撮影）

3-4 出港前夜に火山噴火に遭遇

ヒロ出港を翌日に控えた、午後9時頃のことです。観測装置の調整を早々とすませ、船室でのんびりくつろいでいたぼくは、「噴火だ！」の声に、慌ててベッドから跳ね起きました。カメラを手に岸壁へ飛び出すと、折よく米国地質調査所のHさんの車に便乗できました。数名の仲間と一緒に、火口めがけて夜道を疾走です。

噴火が起きたのは、キラウエア山頂ではなく、その東側に伸びている裂け目「東リフトゾーン」の中ほどにある、プウ・オオ火口のあたりでした。ほんの2〜3年前から噴火を始めたという新しい火口です。

火口から10キロメートルほど手前の空き地に、Hさん

図3-7：プウ・オオ火口からの夜の噴火のようす（1985年、筆者撮影）

は車を停めました。

「これ以上は、ちょっと近づけませんね」

ふつうだったら漆黒の闇に閉ざされているはずの大地の輪郭が、噴火の光によってぼうっと照らし出されています。目の前に、古い大型バスが打ち捨ててありました。その屋根によじ登ると、噴火口まで、もう何も視界を遮《さえぎ》るものはありません。

「うわ、これは、すごい！」

白色に近いオレンジ色の溶岩が、あとからあとから、太い噴水のごとく噴き上がっています。その高さは正確にはわかりませんが、数十メートルはありそうでした。ハワイ火山を特徴づける、粘性の低い、さらさらした溶岩です。火口の外側に落下した溶岩が、きらきら光りながら流れ落ちていくようすも目《ま》の当たりにしました。

夜空にもくもくと立ち上る噴煙は、灼熱の溶岩によって赤っぽく照らし出され、扁平にたなびきながら、火口のはるか遠くまで広がっていました。

一緒にいた誰もが、ときおり短い感嘆詞を口にするだけで、大自然のパノラマに呆然と我を忘れているようでした。一晩中でも見続けていたい光景でした。

「あのマグマこそ、ハワイ島のずっとずっと下のほう、コアに届くほど深い地球内部からやってきたものなのだ」

持参したカメラの中には、ＡＳＡ４００の高感度フィルムが入っていました（当時はまだ、ディジタルカメラの時代ではありませんでした）。ぼくはカメラに望遠レンズをつけ、フィルムを使い切るまでシャッターを切り続けました。その一枚をお目にかけます（図３－７）。

ぼくが夜の噴火を間近に見たのは、後にも先にも、このときだけです。もう30年以上前のことになりますが、写真を見返すたびごとに、この夜の感動が甦《よみがえ》ってきます。

３－５　ロイヒ海山を二重に覆っていた熱水プルーム

ヒロを出港した翌日、白鳳丸はロイヒ海山の直上に到着し、調査が開始されました。

深夜のハワイ島で見た噴火のイメージが、生々しく脳裏をよぎります。海面下１０００メートルの海底でも、水圧に逆らって噴火がときどき起こり、海底面には固まった溶岩が幾重にも累積しているのでしょうか。

白鳳丸から、ドレッジとよばれる岩石採取装置が海底面に降ろされました。ゆっくりと船を移動させ、海底面をドレッジで引っかいてから巻き上げると、果たせるかな、大小さまざまな溶岩の断片が多数、採取されました。

2-7節で述べたような海底の温泉が、このロイヒ海山でも湧き出しているはずです。ホットスポット火山の熱水はどんな化学的性質をもっているのか、通常の中央海嶺の熱水とどう違うのか、知りたいことが山ほどありました。

熱水そのものを採取するには潜水船を使わなければなりませんが、その事前調査として、まずは海底のどこに温泉があるのかを、観測船によってしっかり絞り込む必要があります。「山頂付近のどこかにあるでしょう」といった程度の、あやふやな情報ではダメなのです。潜水船はどこを目指して潜ればいいのかわからず、海底でウロウロするばかりで、貴重な観測時間をムダにしてしまうことになるからです。

今回の白鳳丸による探査の主目的は、観測船の機動性を活かしてロイヒ海山の周辺を広く動き回り、海水のデータを集めて熱水プルーム（63ページ図2-8）をしっかり捉えることでした。

そこでぼくたちは、ロイヒ海山上のあちこちでひんぱんに船を停め、海底まで数メートルの至近距離まで採水器を降ろして、その上層数百メートルにわたってさまざまな深度から海水を採取

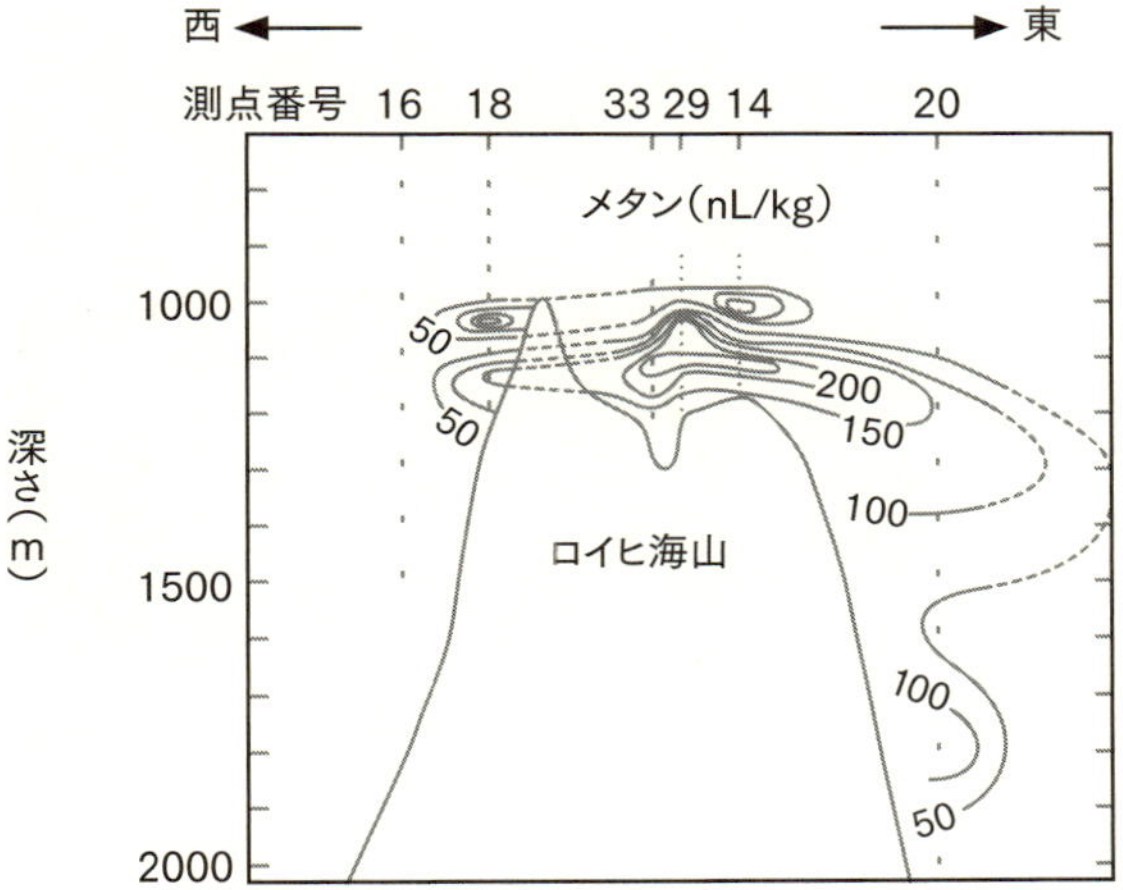

図3－8：ロイヒ海山を覆う熱水プルーム　*メタンガスの濃度断面図（Gamo et al.（1987）より）*

しました。海水の化学組成を調べるためです。塩分、溶存酸素、pH、メタン、二酸化炭素などは船上で分析し、鉄やマンガンなどの重金属元素は持ち帰って分析するため、試料をしっかり分別して保存しました。

この航海で特に威力を発揮したのが、熱水に含まれるメタンガスや二酸化炭素でした。ガスクロマトグラフという分析装置を用いて船上ですぐに分析できるので、その分析結果を見ながら、熱水の兆候が強い方向へとたどって行けるのです。

ある地点で観測が終了すると、すぐ次の観測点に向かいます。1時間もすると到着して、すぐまた次の観測です。船上では昼夜の区別がありませんから、誰もが寸暇を

図3-9：ロイヒ海山の山頂付近に累積する枕状溶岩
（1985年、渡辺正晴氏撮影）

惜しんで居眠りします。少し休んでは観測、また少し休んでは観測……の毎日でした。若いときだからできたのでしょう。

取得したデータをまとめてみると、ロイヒ海山の山頂付近が、メタンや二酸化炭素に富む熱水プルームによって、すっぽり覆われていることが明らかになりました。図3－8は、ロイヒ海山を東西に横断して得られた、メタンガスの濃度断面図です。

この図をよく見ると、熱水プルームが二重構造になっていることがわかります。深さ約1000メートルの浅いプルームと、深さ約1150メートルのやや深いプルームの二つです。これは、熱水噴出口が少なくとも2ヵ所あって、別々に熱水を噴き出していることを示す重要な情報です。

航海後に、陸上で分析したデータもすべて集めてみると、ロイヒ海山の熱水活動は、メタンや二酸化炭素の他に、鉄やマンガンも豊富に噴き出していることがわかりました。

ロイヒ海山とは、いったいどんな素顔をしているのでしょうか。もちろん海面から見透すことはできないので、せめて写真を撮りたいと思いました。そこで、採水やドレッジの合間に、深海用の自動カメラを海底近くまで降ろし、海底面の写真を撮影しました（30年前のことですので、まだビデオカメラはありません）。

帰国後に現像してみると、そこには熱水の滲み出しを示唆する海底のひび割れや、熱水チムニーのような突起物、マグマが急冷されてできた枕状溶岩（図3-9）などが、はっきりと捉えられていました。ロイヒ海山が、活動中の火山であることを、視覚的にも確認できた瞬間でした。

3-6　二人の女神の名がつけられた海底温泉

白鳳丸による研究成果は、ただちに国際学会誌などを通じて世界中に発信されました。有人潜水船によるロイヒ海山の直接観測を望む声が高まり、1987年から1993年にかけて、潜航調査が集中的に実施されました。

ハワイ大学からは有人潜水船「パイシーズV号」（図3-10）が、ウッズホール海洋研究所からは有人潜水船「アルビン号」が、さらにロシアからも有人潜水船「ミール」が、ロイヒ海山に繰り返し潜航しました。そして、予想どおりに海底熱水活動が発見されます。ぼくたちの描いた

図3－10：ハワイ大学の潜水船「パイシーズV号」（1985年、筆者撮影）

二重の熱水プルーム分布（89ページ図3－8参照）を裏づけるように、深さの異なる2ヵ所の海底温泉が見つかったのです。

水深の浅いほうの温泉は、ロイヒ海山の山頂付近（水深980メートル）で見つかりました。20メートル四方ほどの海底面に点々と湧き出し口があり、"Pele's vent"（ペレ温泉）と名付けられました（80ページ図3－3参照）。ペレとは、先にも述べたようにハワイの神話に出てくる火の女神です。短気で怒りっぽい性格の女神とされています。

もう1ヵ所の深いほうの温泉は水深1280メートルの地点にあり、ペレ温泉から南へ下りかけた斜面にありました（図3－3参照）。こちらは直径5メートル程度と小規模な温泉場で、カポ（Kapo）という女神の名前がつきました。カポはペレの姉で、豊穣の女神です。

ペレ温泉からは、透明で温度が約30℃と、ぬるめのお湯が採取されました。白鳳丸による熱水プルームの化学データから予想されたとおり、このお湯には二酸化炭素や鉄が大量に含まれていました。お湯の化学組成を詳しく調べたハワイ大学の研究者たちによれば、海底下には２００℃以上のもっと高温の熱水があったはずだが、それが海底面まで上昇してくるあいだに少しずつ冷たい海水が混ざり込んだために、30℃まで低下したのだろうとのことです。

ぼく自身は残念ながら、これらの潜航調査には参加できませんでしたが、「パイシーズV号」が撮影したペレ温泉のビデオテープをあとで入手できました。それを見ると、ロイヒ海山の山頂付近のごつごつした岩石の表面に、何十もの小さな割れ目や穴が見え、そこから透明なお湯が、あっちからもこっちからもおだやかに湧き出していました。

お湯のゆらぎは海底面を広く覆い、じわじわと這うように流れています。その直下には、キツネ色の物質（おそらく鉄を含むバクテリアの集合＝バクテリアマット）がびっしり付着していました。お湯の湧き出す割れ目は、白っぽい天然硫黄と思われる物質で縁取られていました。熱水と海水がそこで反応し、熱水中の硫化水素が酸化されてできた天然硫黄と推測されます。

意外だったのは、チューブワームやシロウリガイといった大型の生物が、ビデオ映像からはまったく見てとれなかったことです。68ページ図２－10に示したように、東太平洋海膨の高温熱水域が豊かな生物群集を伴っていたのに比べると、ずいぶんようすが異なっていました。その理由はよくわかりませんが、大型生物の定着できる環境が、ロイヒ海山ではいまだ整っていないせいかもしれません。

さて、この「ロイヒ潜航ブーム」には、日本の潜水船は残念ながら加わっていません。日本では、1981年に海洋科学技術センター（JAMSTEC、のちの海洋研究開発機構）が「しんかい2000」を就航させました。その名のとおり水深2000メートルまで潜れますから、ロイヒ海山は十分に射程範囲内でしたが、当時「しんかい2000」は、日本近海の潜航調査に引っ張りだこで、とても海外遠征の余裕はなかったのだろうと思います。

ともあれペレ温泉は、ホットスポット火山に伴う希有な熱水活動として、世界中の研究者の注目の的となりました。継続して観測しようと、ハワイ大学の研究者は意気込んでいたはずです。

ところが、その矢先の1996年、短気な女神は何に怒り狂ったか、ペレ温泉をあとかたもなく吹き飛ばしてしまうのです。

3-7 海底火口を24時間体制で観測する

ロイヒ海山が、5000メートルの深海底からここまで成長してきたのは、ときおり噴火を起こしたからに違いありません。理屈の上ではわかっていても、噴火が現実に起こると、専門家でもやはりびっくりします。

1996年7月から8月にかけて、ロイヒ海山付近で頻発して地震が観測されました。ほんのひと月足らずのうちに、地震の総数は4000回を数え、マグニチュード4を超える地震が40回以上も発生しました。「噴火かもしれない」とハワイの研究者は考えましたが、地上にいては確かめるすべがありません。

地震活動が収まりかけた8月、ハワイ大学の研究グループは潜水船「パイシーズV号」を用いて、ロイヒ海山の潜航調査に乗り出しました。

3名の潜航者たちが山頂付近で見たもの——、それは、岩石のかけらや熱水沈殿物、バクテリアマットの断片などが滅茶苦茶に乱れ漂うガレ場でした。海底付近の海水は著しく濁り、1～2メートル先も見えない最悪の視界だったそうです。海底で噴火が起こったのは明らかでした。

観測船から音波を使ってロイヒ海山の地形を詳しく調べたところ（音波による海底地形探査法については6－2節で詳述します）、ペレ温泉のあった山頂付近が、なんと直径260メートルにわたって大きく陥没し、深さ300メートルに達する巨大なクレーターに変貌していました。津波が起きなかったことから、地形の陥没はごくゆっくり起こったと考えられています。

この新しいクレーターには、“Pele's pit”（ペレ火口）という名前がつけられました。ペレ火口の壁面からは77℃の熱水が噴き出していることが、翌9月下旬の潜航調査で判明しました。噴火前のペレ温泉で観察された温度（30℃）より高いのは、噴火に伴って熱水活動が活発になったた

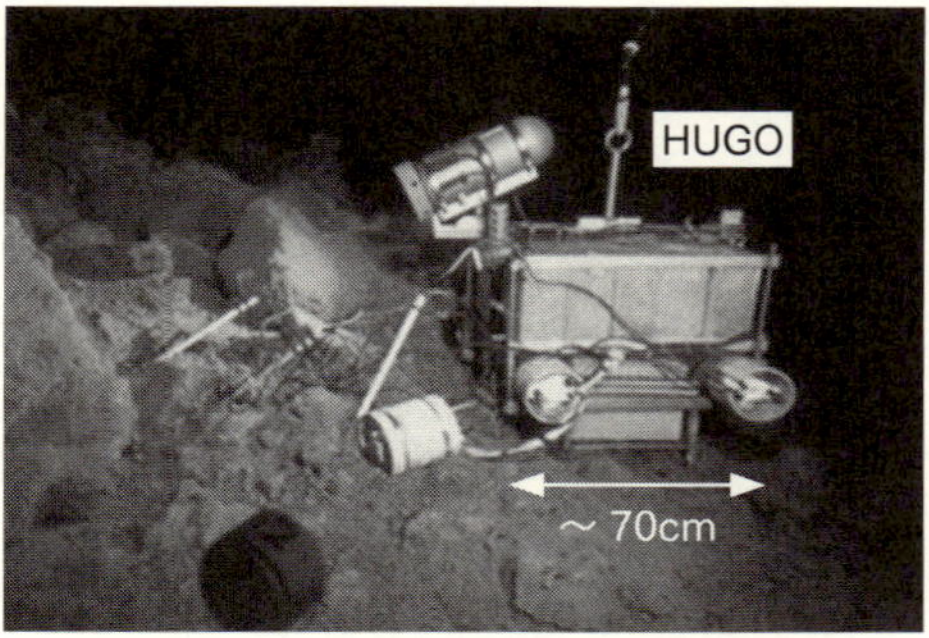

図3－11：ペレ火口そばに設置された「HUGO」（https://en.wikipedia.org/wiki/Loihi_Seamountの図に加筆）

めかもしれません。あるいは、海水による希釈の影響をあまり受けない熱水が採取できたということかもしれません。熱水噴出口の周囲には、白色や赤色に見えるバクテリア活動がすでに始まっていたと報告されています。

その後、１９９７年から２００１年にかけて、ペレ火口では毎年のように潜航調査が実施されました。あちこちに熱水噴出口が新たに見つかり、89～１９８℃のさらに高温の熱水が観測されました。

これらの観測のために潜水船をひんぱんに派遣するのは、たいへんな労力や費用がかかります。そこでハワイ大学の研究者たちは、陸上にいてもロイヒ海山のようすが常時わかるようにと、ペレ火口の東側の平坦な海底面に自動観測機器「ハワイ海底観測ステーションＨＵＧＯ（Hawaii Undersea Geo-Observatory）」を設置しました（図３－11）。

ＨＵＧＯは、ハワイ島の陸上施設と長さ34キロメートルの光ファイバーケーブルで結ばれています。ＨＵＧＯには、ロイヒ海山を監視するための海底地震計、火山活動による地形の変化を検出する傾斜計、水圧計、温度計、ビデオカメラなど、さまざまな観測機器が接続され、得られたデータは即時、ケーブルを通じて陸上に送られるしくみです。

3-8　5000メートルの深海底にびっしり堆積していた鉄バクテリア

1996年の噴火以後、ロイヒ海山では、2001年9月、2005年4〜5月、2005年12月〜2006年1月といった具合に、時折、強い群発地震が発生しています。地震と同時に噴火が起こっていた可能性もあります（HUGOから見えるのは前方せいぜい10メートル程度しかなく、直径260メートルのクレーター全体を見渡すことはできません）。もし噴火が起こっていれば、その付近の熱水噴出域は破壊され、また別の場所に新たな噴出域が形成される、といったことが繰り返されていることでしょう。

3-6節で、1990年頃のペレ温泉の映像には大型生物が見当たらなかったと述べましたが、熱水活動が長期にわたって安定して続いてくれないと、なかなか大型の生物は安心して居着くことができないということかもしれません。

その代わり、微生物の活動は、ロイヒ海山でもさかんに起こっているようです。

鉄と二酸化炭素に富む熱水は、化学合成細菌を繁殖させます。熱水中の還元的な二価鉄（Fe^{2+}）

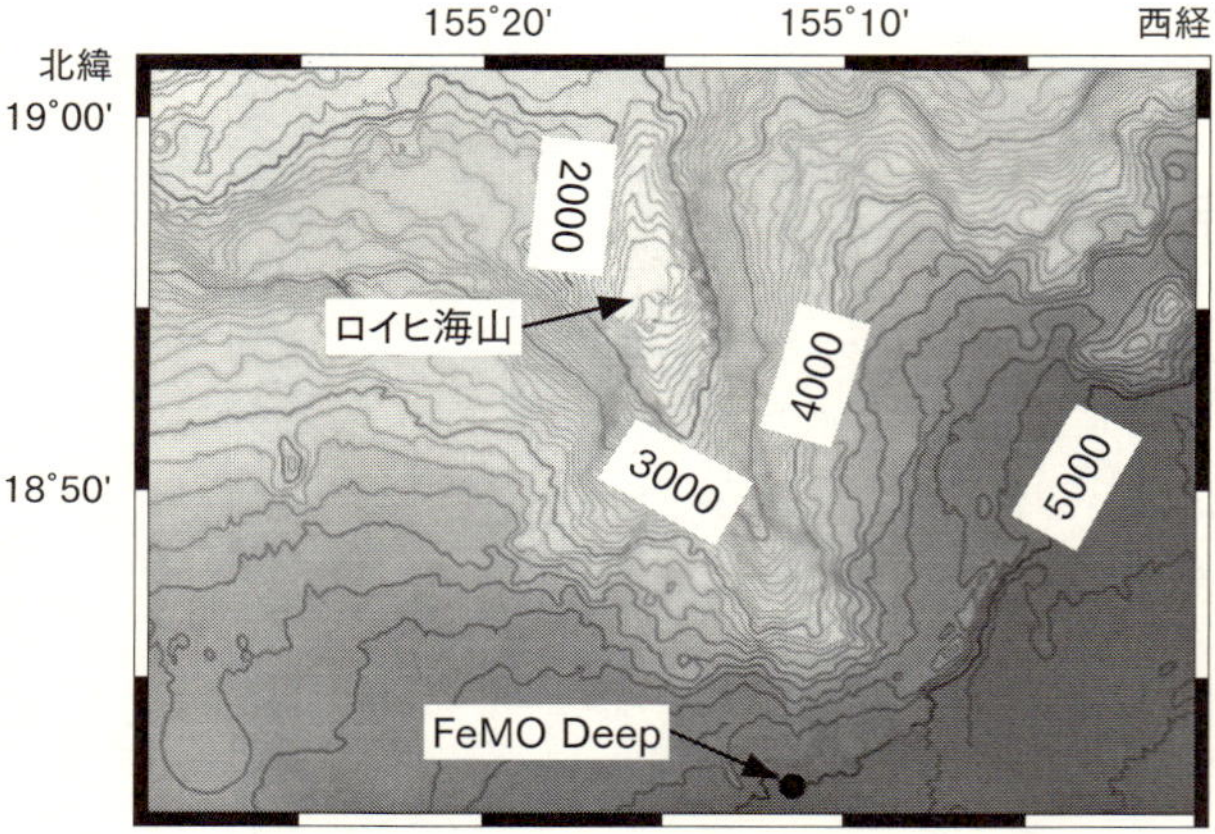

図3－12：ロイヒ海山南方の「FeMO Deepサイト」（https://schmidtocean.org/cruise/the-iron-eaters-of-loihi-seamount/の図を改変）

を三価鉄（Fe^{3+}）に酸化する際に発生するエネルギーを用いて、二酸化炭素から有機物（自分のからだ）を合成する「鉄バクテリア」にとっては、おあつらえむきの環境だからです。海水中で酸化された鉄は、オレンジ色の酸化鉄（Fe_2O_3）となって沈積するため、あたり一面が鉄さび色に染まります。

このような鉄バクテリアの繁殖域が、ロイヒ海山の山頂部だけでなく、その南側に細長く続くなだらかな斜面（リフトゾーン）を経て海山の基底部にまで及んでいることが、最近の調査によってわかってきました。

いま注目されているのが、ロイヒ海山の南端付近にある「FeMO（Fe Microbial Observatory）Deep」とよばれるサイトです。和名はないのですが、あえて訳せば「深海底の鉄バクテリア観測サイト」となるでしょうか。その位置を、図3-12に示します。ロイヒ海山の山頂から南に25キロメートルも離れた、水深5000メートルの深海底です。

2006年以降、潜水船や無人探査機を用いて、このサイト周辺の深海底が詳しく調査されています。その理由は、この場所にごく低温の熱水の滲み出しとともに、オレンジ色の酸化鉄に彩られたバクテリアマットが、びっくりするほど大量に見つかったからです。

海底熱水活動域に、厚さが数ミリメートル程度のバクテリアマットがあることは、特に珍しいことではありません。しかし、研究者の度肝を抜いたのは、「FeMO Deep サイト」のバクテリアマットが、海底下の厚さ1メートル、もしくはそれ以上という、かつて例のない驚異的な厚さで分布していたことでした。

3-9 ロイヒの鉄が太平洋の生命活動を支えている!?

これだけ膨大な鉄の存在は、ロイヒ海山の周辺だけでなく、太平洋全体にとっても無視できないレベルの、鉄の供給源であることを示唆しています。

鉄は、海洋表層（有光層）における一次生産にとって不可欠の栄養素です。一次生産とは、植物プランクトンが太陽エネルギーを用いて、水と二酸化炭素から有機物（自分のからだ）をつくる光合成です。窒素やリンなど、一般的な栄養塩が豊富に存在するにもかかわらず、鉄が足りないために一次生産の貧弱な海域が現実に存在します。

一次生産は、海洋の生命活動全般にとって不可欠の基底部分、すなわち、食物連鎖の出発点にあたります。その基底部分を支える重要な化学元素の一つが、海水中に含まれる鉄なのです。

鉄は、大気中のエアロゾル（微粒子）や、沿岸域の海底堆積物などから海洋表層にもたらされますが、海底熱水活動もまた、鉄の供給源として無視できないことが、最近の研究でわかってきました。

一般に、海底熱水活動は深さ2000～3000メートルという深海底で起こるため、そこからいくら鉄が噴き出したとしても、海洋表面まではとても届くまいと考えられてきました。鉄はまた、海水中ですぐに酸化されて不溶性の酸化鉄粒子となり、沈殿してしまうので、遠方まで運ばれることはあるまいともいわれてきました。

ところが、ロイヒ海山の場合は、その山頂部が深さ1000メートルと比較的浅く、海洋表層まで近い位置にあります。また、最近の研究によれば、熱水プルーム中では、鉄の一部がある種の有機物質と結合して可溶性となり、熱水噴出域からかなり遠方まで、海水に溶けたまま運ばれることがわかってきました。

ロイヒ海山の鉄は、太平洋表層の生物活動にとって重要な存在かもしれない――。そう考える研究者が増えてきています。また、ロイヒ海山の熱水活動が育む微生物の生活ぶりを詳しく調べることによって、地球や、太陽系の他の惑星・衛星における生命誕生の謎を解く、重要なカギが見つかるかもしれないと期待する研究者もいます。

ロイヒ海山南方の「FeMO Deep サイト」が熱い視線を浴びている背景には、このように太平洋全域から地球外惑星までも関連する、スケールの大きなサイエンスがあるのです。今後の研究の進展がたいへん楽しみです。

3-10 やがて海上に顔を出し、島になるロイヒ海山

ロイヒ海山が誕生したのは、いまから数十万年前と考えられています。ロイヒ海山から採取された岩石の年代からの推定値です。現生人類（ホモサピエンス）の出現がいまから10~20万年前といわれるので、人類の進化とほぼ歩調を合わせて、ロイヒ海山は成長してきたことになります。

このまま成長を続ければ、その山頂部の水深はしだいに浅くなっていき、ついに海面に顔を出す日が来るのでしょう。それはあと1万~10万年くらい先のことと考えられています。

そのときには、かつてハワイ島でぼくが目撃したようなマグマの噴出が、海面すれすれで起こ

ることでしょう。沸騰した海水や水蒸気が激しく噴き上がり、溶岩が流れ出す光景が見られるに違いありません。

そして、海上にその姿を現した「ロイヒ島」は、単独の火山島として、さらに成長を続けることでしょう。ハワイ島との距離が近いので、いずれはハワイ島とつながるのかもしれません。

ロイヒ海山が島になったとき、それを見届けるのは、果たして人類でしょうか。もしそうなら、その頃までに人類は、どのような進化を遂《と》げていることでしょうか。

COLUMN ❸

キャプテン・クックの太平洋大航海――ハワイとの邂逅

考古学や言語学などに基づく類推によれば、ハワイ諸島に現生人類が住みはじめたのは、紀元後８００～１０００年頃のようです。サモア諸島からソシエテ諸島（タヒチ）を経たポリネシア人が、優れた航海術を駆使して北上し、ハワイ諸島へ入植したと考えられています。

図3-13：“キャプテン・クック”こと、ジェームズ・クック(1728-1779)
(写真提供：GRANGER.COM/アフロ)

古代カヌーのレプリカ「ホクレア号」（全長19メートル）を用いた検証航海が、１９７６～１９７８年にかけて実施され、マウイ島とタヒチ島との往復が、古代のカヌーによって可能であることが実証されています。

では、ハワイ諸島に最初に足を踏み入れた西欧人は誰でしょうか？

答えは、英国海軍将校で海洋探検家でもあったジェームズ・クック、通称キャプテン・クックです（図３-13）。彼は、１７６８年から1779年にかけて太平洋で計3回の大規模な航海を実施し、最終3回目の航海の途中でハワイ諸島を発見しました。

1768〜1771年に行われた1回目の航海は、タヒチ島で金星の日面通過観測を行い、金星と太陽との距離を正確に求めようとするものでした。クックはさらに、ニュージーランドとオーストラリアの詳しい測量も行い、オーストラリア東岸の英国領有を宣言します。

続く2回目の航海（1772〜1775年に挙行）の目的は、南方大陸の探索でした。18世紀頃までの西欧では、太平洋の南には巨大な大陸（南方大陸：テラ・オーストラリス）があるに違いないと固く信じられていました。北半球にある大陸とバランスをとるには、南半球に未知の大陸がなければならない、そして、そこにはきっと巨万の富がある、と考えられていたのです。

クックは南極海を周航し、その間に南緯71度10分まで南下して、南方大陸が幻の産物であることを確認しました。ただし、アホウドリやウミスズメをひんぱんに目にしたこと、また氷山の頂が平らであったことなどから、南方に陸地は存在するだろう、けれどもそこは、氷に閉ざされた人の住めない極寒の地であろう、と結論しました。

そして、1776〜1780年に実施された3回目の航海は、一転して北極海の探検が目的でした。英国は東アジアとの交易を進めるうえで、アフリカや南アメリカの南端をはるばる迂回するより、北極海を抜けてベーリング海峡にいたる未知のルート（北西航路）の開拓に、大きな期待を寄せていたのです。

タヒチから太平洋を北上し、初めて北太平洋に入ったクックは、1778年1月、ハワイ諸島を発見し、カウアイ島南西部のワイメアに上陸します。当時、英国海軍大臣でクック航海の擁護者であったサンドウィッチ伯爵の名をとり、発見した島々をサンドウィッチ諸島と命名しました。

その後、北米大陸西岸を北上し、アラスカ湾を経てベーリング海峡から北極海に入ったクックは、分厚い氷原に阻まれ、北緯70度41分より北にはどうしても進めませんでした。出直すことにして、いったんハワイ島西部ケアラケクア湾（80ページ図3－3参照）に引き返したクックでしたが、ふたたびベーリング海峡に向かうことはありませんでした。現地人とのあいだに諍《いさか》いが生じ、乱闘によって殺害されてしまったのです。1779年2月14日のことでした。

抜群の航海技術と決断力に恵まれ、正確な海図を数多く遺すなど、近代探検史上、最も偉大な探検家とも称されるジェームズ・クックでしたが、42ページのコラム1で紹介したフェルディナンド・マゼラン同様、母国からはるかに離れた太平洋に浮かぶ島で、その波乱の生涯を閉じたのです。

第４章 威風堂々！　天皇海山群の謎

４－１ 海底に居並ぶ古代天皇たち

第３章でも述べましたが、ハワイ島・ロイヒ海山を起点に、西へ向かって直線状に連なるハワイ諸島は、北緯30度、東経１７０度付近までくると、直線の向きが急に北向きに変わり、その先になおたくさんの海山が、やはり直線状に並んでいます（77ページ図３－１参照）。

２本の直線が、じつに美しく「く」の字形に折れ曲がっているのが目を惹《ひ》きますね。なぜ、これほどきれいに折れ曲がっているのでしょう？　その理由については、いま興味深い論争が続いているところです。この章の終盤で詳しく紹介します。

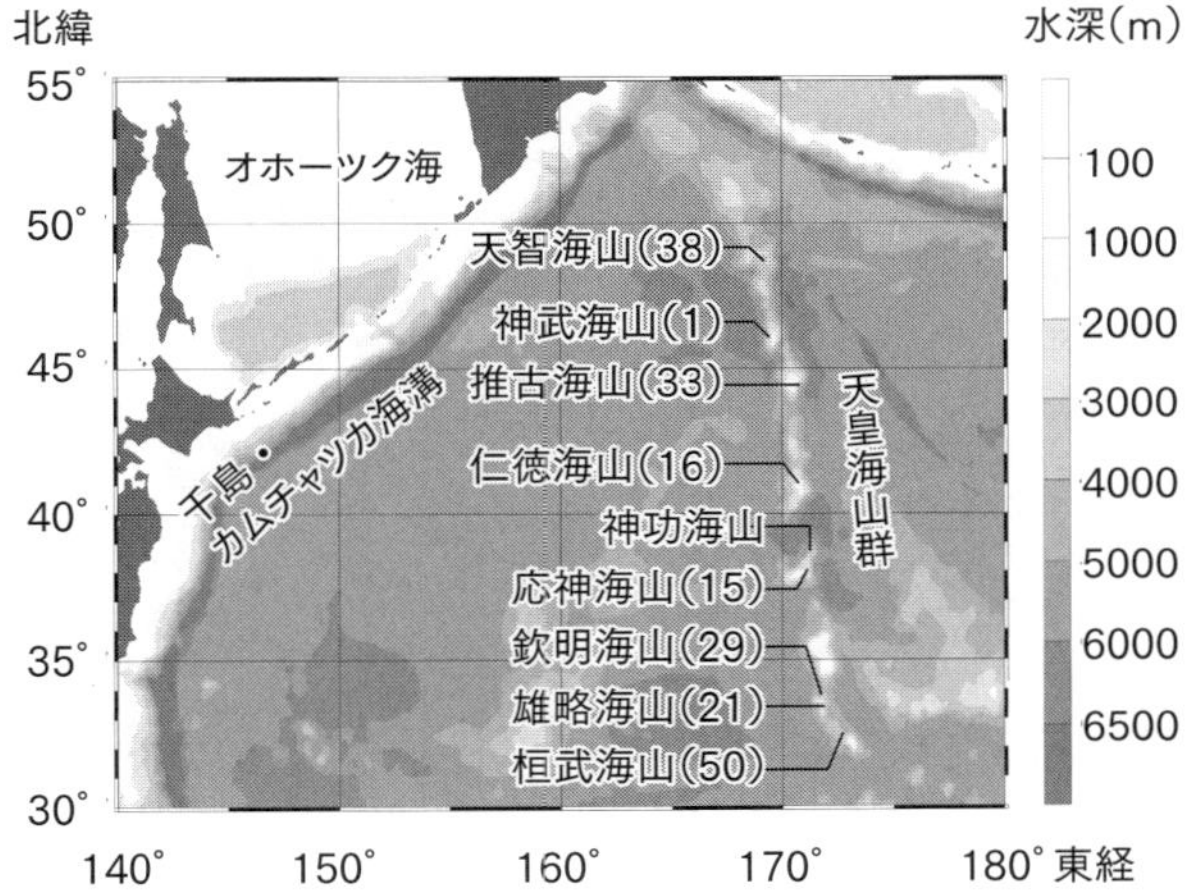

図4−1：天皇海山群を形成する代表的な9つの海山　(　)内の数字は即位順

確かなことは、これらすべての島や海山が、現在ハワイ島付近にあるホットスポットによって火山として誕生したこと、火山活動を止めたあとは太平洋プレートの動きに乗って移動していること、そして、いずれは海溝に沈み込み、その姿を消していく運命にあること、の3点です（58ページ図2−6参照）。

さて、くの字の先の方に並ぶ山々には、「天皇海山群」の名がつけられています。天皇海山列とよぶこともありますが、本書では天皇海山群で統一することにします。

天皇海山群は、日本列島のほぼ真東、東経170度付近の深海底に、南北約2000キロメートルにわたって並んでいます（図4−1）。深さ約6000メートルの深海底から、富士山と同程度、もしくはそれ以上の巨大な海山が連々と聳えているのです。

天皇海山群（Emperor Seamounts）という名前のとおり、それらほとんどの海山に、日本の天皇名がついています。これはわが国だけで、勝手に呼び習わしているわけではありません。世界中どこでも通用する、れっきとした国際名です。

後述するように、実際には約30の海山が並んでいますが、図4－1には代表的な9つの海山のみ名前を示しました。最初に命名されたのが、これら9つの海山なのです。

いずれも、『古事記』の物語や古代史の教科書などで、なじみの深い天皇名かと思います。名称の後にある（　）でくくった数字は、神武天皇から始まる天皇の即位順です。海山の並び順と、天皇の即位順とのあいだには、どうやら特段の関係はなさそうに見えます。そして、神功皇后だけは天皇ではありませんが、なぜかここに含まれています。

いったいどのような事情から、古代の天皇や皇后の名前が海山に冠せられることになったのでしょうか？　この章では、その謎にも迫ってみたいと思います。

まずは、これら海山が発見された経緯から見ていくこととしましょう。

4-2 北西太平洋の海底地形を探索せよ！

北太平洋の深海底に、現在では天皇海山群とよばれている海山の並びが存在することがわかったのは、20世紀もようやく半ばを迎えてからのことでした。1929年に帝国海軍水路部が作成した「日本近海水深図」や、1939年作成の「日本近海深浅図」を見ても、「天皇海山」はおろか、「海山群」の名称すら出てきません。

ただ、「日本近海深浅図」には、測深データは少ないながらも、天皇海山群の連なる東経170度線近辺の南北方向に、海山らしき地形の隆起をいくつか見てとることができます。このあたりに海山群、ないしは海底山脈があるらしいという、おぼろげな認識はあったのでしょう。

そのことは、戦後に水路部の測量課長を務めた海洋地質学者・田山利三郎博士（東北大学教授を併任）が、1952年に公表した論文の中で、この周辺の地形について「北西太平洋海嶺と仮称す」と記載していることからもわかります。

海底の地形がどうなっているかは、海洋地質学の基礎的な関心の対象であることはもちろんですが、船舶の安全な航行といった実用的な観点からも不可欠の情報です。さらに、海を隔てて敵国と対峙するような状況下では、軍事行動や国土の防衛という観点からも重要度が高まります。

太平洋を隔てた米国との対立が深まっていた時勢に、戦場となる可能性のある北太平洋の地形を詳細に把握せよ、という要望が強まったのは当然の成り行きでした。太平洋戦争が始まった直後の1942年、北太平洋に奥深く分け入り、海底地形探査に孤軍奮闘した「陽光丸」という貨物船から、物語が幕を上げます。

4-3 帝国海軍に徴用された貨物船の偉業

図4-2に掲げた陽光丸は、1934年に創業された三光海運株式会社（のちに三光汽船株式会社と改名）が、1938年に竣工した貨物船（1050トン）です。1941年2月に帝国海軍水路部に徴用され、測量船の役務に就くことになりました。

陽光丸の成し遂げた成果には、特筆すべきものがあります。なにしろ、米海軍に遭遇する可能性のあった危険海域に踏み込んで測量任務を完遂し、のちに天皇海山群とよばれることになる貴重な海底地形の詳細データを初めて取得したのですから。しかしその偉業は、軍事行動の一環として秘匿され、当時の海事史の研究者を除けば、一般にはほとんど知られていません。

海底地形の調べ方については、第6章で詳しくお話ししますが、音響測深法、すなわち船底から音波を発して、その反射音が戻ってくるまでの時間を水深に換算する手法が、1920年代後半から用いられるようになりました。陽光丸にも、当時としては最新の記録式音響測深機（日本電気株式会社製）がしっかり装備されていました。

1942年2月22日、陽光丸に対して「機密横須賀鎮守府命令第七五号」が下ります。「昭和一七年二月下旬より五月下旬に至る期間本州東方海面測量及び観測に従事。作業に関しては水路部長の区処を受くべし」というのが原文です。

この機密命令に従い、陽光丸が１９４２年４～５月に実施した観測航海のコースを図４－３に示します。１９４１年12月８日になされたハワイ・オアフ島への奇襲作戦、真珠湾攻撃から、まだ４ヵ月しか経っていません。太平洋を挟んで対峙する日米両国のあいだには、日増しに緊張が高まっていました。日本海軍の惨敗に終わるミッドウェー海戦（１９４２年６月５～７日）の直前のことです。

図4－2：海底地形探査に活躍した貨物船「陽光丸」
（三光汽船株式会社（1971）より）

このときの陽光丸の行動については、観測班長のひとりとして乗船した藤井正之（のちに第八管区海上保安本部水路部長）が１９８７年に公表した手記「天皇海山列物語」によって、詳しく知ることができます。

それによれば、帝国海軍から陽光丸への情報伝達は指揮系統の混乱からか、いい加減なものでした。当時、北太平洋における海軍の哨戒ラインは東経１５５度線付近にあり、作戦

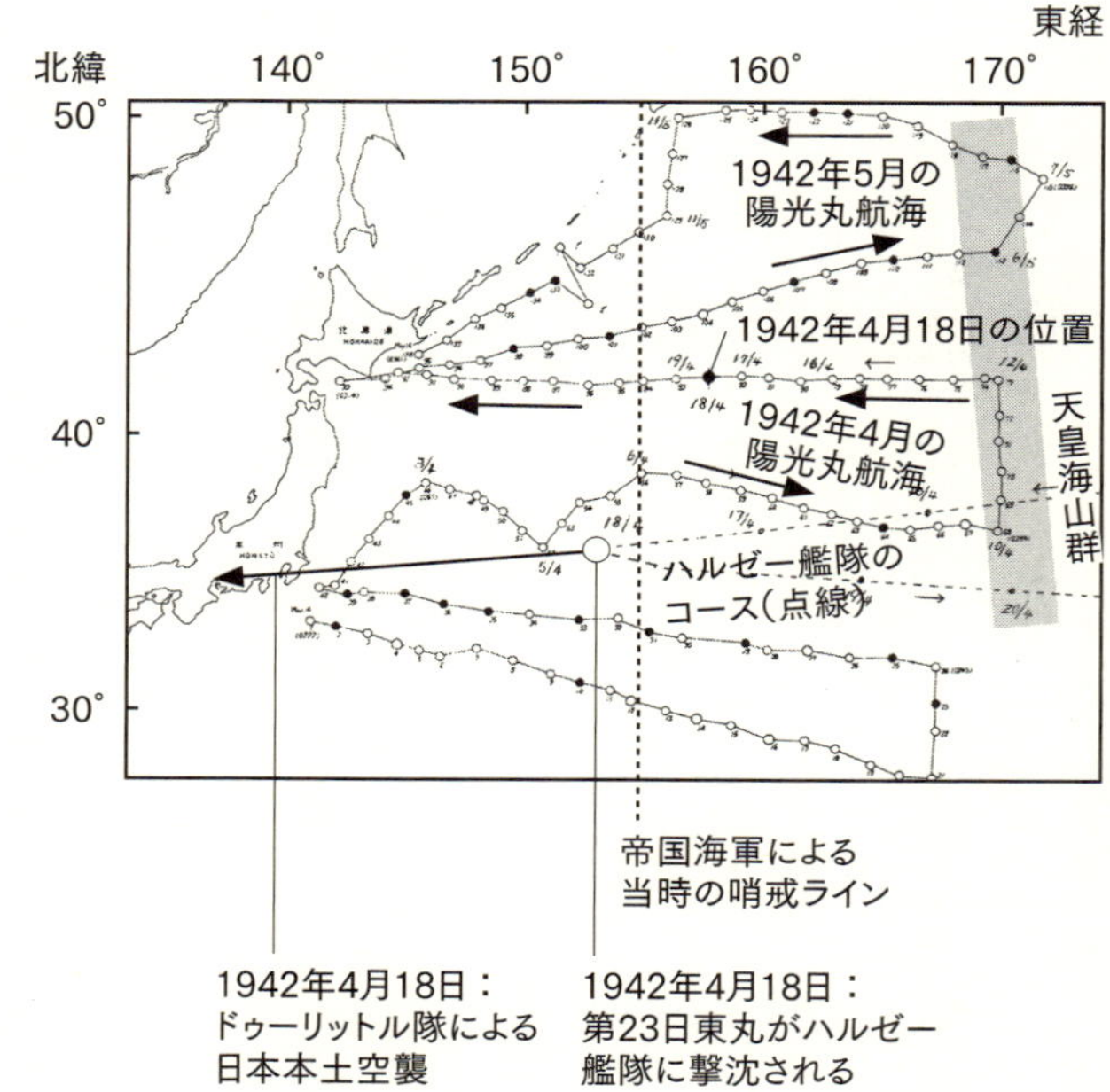

図4−3：陽光丸の1942年4〜5月の観測ルート（藤井（1987）の図に加筆）

行動でなければ、このラインを越えることはなかったのですが、陽光丸には、なぜかそのことが知らされていませんでした。陽光丸の乗組員たちは、命じられた調査海域（東経170度ライン）は当然、海軍の制圧下にある安全海域と思い込み、いっさいの武装もなく、灯火管制すら行わずに任務の遂行に務めました。

しかしそこは、米軍に見つかれば撃沈されかねない危険海域だったのです。

藤井正之は航海終了後にその事実を知り、「知らないほど強いものは無いと、つくづく思いました」と、手記の中で憤懣《ふんまん》をあらわにしています。

4-4 北西太平洋の危険海域＝「低気圧の墓場」に向かう

図4-3に示した陽光丸の調査ラインは、東経170度付近を南北に伸びています。

帝国海軍は、その付近に海山群があるらしいことから、より詳しい地形情報を求めたものと推測されます。軍事行動に備え、海山の位置や形状を明らかにしておく必要があったのでしょう。

1942年4月の航海で、陽光丸はまず、東経170度ラインまで東進したあと、北に向きを変えます。そして、現在は「応神海山」および「仁徳海山」とよばれている二つの海山の真上を通過して、両海山の詳しい地形データを取得しました。その後はいったん日本へ帰航すべく、北緯42度付近から西向きの航路に入ります。

その帰路を半ばまできた4月18日、陽光丸の船内に緊張が走りました。南西方向に約500キロメートル離れた海域（図4-3の○印）で、哨戒船「第23日東丸」が米国艦隊（ハルゼー機動部隊）に撃沈されたとのニュースが入ったのです。陽光丸は、最大10ノット（時速18・5キロメートル）しか出ない鈍足にいらいらしながら、一路日本へ向かいました。

青森県・大湊港でしばしの休息をとった陽光丸は、任務を続けるべく、4月30日にふたたび北太平洋に向けて出港しました。再度、東経170度ラインまで到達し、こんにち「神武海山」および「天智海山」とよばれている両海山を捉え、それらの地形を精査しました。

北緯45～50度に相当するこのあたりの海域は、俗に「低気圧の墓場」とよばれる暴風の海です。日本列島付近を東進し、発達した低気圧が、次々とやってくるのです。特に、冬季のそれは勢力が著しく、激浪の逆巻く超危険海域となります。

観測の行われた5月は比較的ましな時季ではありますが、それでも平穏な海況からはほど遠く、ときには激烈な風波に翻弄されたといいます。

4-5 波高10メートルに耐えて海底地形を観測

陽光丸による観測は、海象観測班、音響測深班、および気象観測班の3班が分担していました。このうち海象観測班の班長が藤井正之で、音響測深班を率いていたのは土屋実班長でした。

藤井正之は「天皇海山列物語」で、激浪に苛《さいな》まれる航海のようすを、生々しくもユーモアを交えて記載しています。

低気圧は2～3日に1コ位の割で来襲します。それが、高さが、10メートル以上と見られる大きな「うねり」で、これに横から襲われたら絶対に転覆間違い無しと見られます。そこで、船は「うねり」が来る方向に船首を立てて、谷から山へとエッサ、エッサと登り、山頂まで来ると、今度は、逆さまになって、谷に向かって駆け降りるのです。その方向が、こちらの望む方向かどうかは、この際、転覆を免れるにはこの方法しかありません。一昼夜登ったり降りたりして、０・４マイル後に戻ったことがありました。「うねり」が弱くなるすきをねらって、我が針路に船首を向けて走れるようになると、必ずガスが襲ってきます。霧雨が降ってきたかと見ていますと、我の船首が見えなくなり、たちまちなにも見えなくなり、ガスは船内にまで侵入してきます。うっかりすると、廊下で人間の衝突事件が起こります。

ぼく自身も、北太平洋高緯度域や南極海で、少しばかり荒れた海を何度か経験しましたが、波高10メートルのすさまじさは、ちょっと想像できません。

船がいかに大揺れしても、停電しないかぎりは音響測深機は水深を測ってくれます。しかし、それだけでは地図は描けません。そのときの船位、すなわち、船が正確にどこにいたか、その緯度と経度がわからなければ、水深データを地図上に落とすことができないからです。

当時は、現在のようなＧＰＳ測位どころか、デッカやロランといった電波測位（陸上基地からの電波を受信して船の位置を決める方法）さえ存在しない時代です。船位を決める唯一の方法は、六分儀による天測（水平線と天体との角度から位置を求める方法）でした。

大揺れの船の上で、土屋実班長の苦労は並大抵のものではありませんでした。天測しては進行方向をさまざまに変え、測深作業が続くのです。藤井は「海山の形状を把握しようと努力しておられる土屋班長の横顔には、近づき難き威厳が見えました」とも記載しています。

これほどの苦労を重ね、危険を冒して取得された貴重な地形データは、なぜか軍極秘の書庫に格納されたまま、解析されずじまいでした。水路部では、このデータを活かして研究を進めたいと海軍に提案しましたが、あっさり却下されたようです。

陽光丸は1942年9月、敵機の銃撃によって測量船としての能力を失い、その後は運送船として、もっぱら本土と父島、硫黄島、南鳥島のあいだを往復し、戦地への物資輸送に従事しました。1943年9月11日、横須賀から父島に向かって航走中だった陽光丸は、御蔵島の西方海域で米潜水艦の雷撃を受け、悲壮な最期を遂げています。

4-6 ディーツ博士、ニッポンに来たる

戦況は刻々と悪化し、1945年8月15日、ついに日本は敗戦の日を迎えます。

陽光丸が北西太平洋で取得した貴重な地形データは、東京・築地の水路部内の書庫で眠り続け

ていました。１９４５年3月10日夜の東京大空襲では、水路部も大きな被害を受けていますが、陽光丸データは焼失を免《まぬか》れました。

戦後、帝国海軍の解体とともに水路部は運輸省に移管され、１９４８年には、発足したばかりの海上保安庁に再移管されました。その後、２００２年に行われた改組で、海上保安庁海洋情報部と名前を変えて現在にいたっています。

陽光丸データは戦後の数年間、手つかずの状態が続きました。それを蘇らせたのが、アメリカの海洋地質学者、ロバート・ディーツ博士です（図４－４）。

図4－4：ロバート・ディーツ（1914－1995）（http://www.scilib.ucsd.edu/sio/biogr/Dietz_Biogr.pdfより）

ニュージャージー州のウェストフィールドで生まれた彼は、イリノイ大学で博士号を取得し、大戦中は空軍のパイロットを務めました（中佐として退役）。戦後は、海軍電子工学研究所とスクリップス海洋研究所に所属し、海洋地質学、特に太平洋の海底地形について研究を進めていました。

北西太平洋については当時、海底地形データが乏しく、ディーツの研究は難航していました。さまざまに情報収集に努めた彼は、太平洋戦争中に陽光丸という観測船が、日本からはるかに離れた太平洋で地形調査を行っていた事実を突き止めます。「もしそのデータが保存されているのなら、なんとしてもこの目で見てみたいものだ。しかしそれは、遠く離れた日本にある……」

ディーツは日本に留学することを思い立ち、フルブライト奨学金に応募しました。この奨学金は、世界各国の相互理解を高めることを目的として、1946年に米国上院議員J・ウィリアム・フルブライトによって発案・設立された交換留学生制度です。

応募にあたっては、相手国のしかるべき共同研究者を指名する必要があります。ディーツは、水路部測量課長だった田山利三郎博士に連絡を取り、採択された際には共同研究者になってほしいと頼み込んで、了承を得ました。田山利三郎は、太平洋の海底地形の研究に関しては、当時の日本で最も秀でた研究者のひとりでした。

4-7 「天皇海山群」の誕生

4-2節でも述べたとおり、田山利三郎は1952年発行の『水路要報』に、「日本近海深浅図について」という論文を発表し、東経170度付近にある細長い海底山脈状の地形を「北西太平洋海嶺」と仮称しました。この論文には、「昭和19年までの資料を用いている」とあるため、陽光丸データを参照している可能性も考えられますが、論文中に陽光丸の名前は出てきません。

この論文が発行される直前の１９５２年9月、田山博士を悲劇が襲いました。明神礁海底火山の調査航海中に噴火に巻き込まれ、殉職してしまうのです（詳しくは第5章参照）。

一方のディーツは、首尾よくフルブライト基金による第1回派遣研究員に採択され、１９５２年11月からの1年間を、東京大学客員教授として日本に滞在することになりました。このときの派遣研究者18名のうち、自然科学者は彼ひとりでした。

ディーツは来日後すぐに海上保安庁水路部を訪ね、当時の水路部長・須田晥次《すだかんじ》に研究目的やデータの閲覧希望を伝えたのでしょう。須田は快くディーツを受け入れてデータの閲覧を許し、作業がしやすいよう便宜を図りました（なお、須田晥次は、日本海の１０００メートル以深の海水を初めて採取した研究者として、前著『日本海』にも登場しています）。

水路部玄関近くの参考品室兼応接室に机を与えられたディーツは、一心に陽光丸データの解析に取り組みました。そして、北西太平洋の東経１７０度線に沿って、たくさんの海山が林立している確証を得たのです。

留学を終えて帰国した翌年の１９５４年、ディーツは米国地質学会の学会誌に、北西太平洋全域の海底地形に関する総括的論文を発表しました。この論文において「Emperor Seamounts」という言葉が初めて用いられ、107ページ図４-１に示した9つの海山に名前がつけられました。

こうして「天皇海山群」が誕生したのですが、ロバート・ディーツがなぜ、どのような発想から、この海山群に古代天皇の名前をつけたのか、よくわかっていません。たいへん興味深い謎なのです。ディーツ自身はこの点について、１９９５年に亡くなるまで、ほとんど口を閉ざしていたようです。

しかし、来日当時のディーツを知る何名かの研究者が、彼の思い出を書き残しています。それらを読むと、ディーツの真意をわずかながら、垣間見ることができます。

4-8 海山になぜ、古代の天皇名をつけたのか

海洋地質学者・奈須紀幸（東京大学海洋研究所元所長）は、２００１年に上梓した自伝『海に魅せられて半世紀』の中で、須田晥次とディーツにまつわる興味深い逸話を残しています。以下、原文のまま引用します。

ディーツによる「天皇海山列」の存在の指摘は、彼が１９５３年（昭和28年）、日本に滞在したときに得た最大の収穫であった。当時、ディーツを受け入れられた水路部長は須田晥次先生であった。（中略）

ある時、先生がおっしゃったことがある。

「ディーツを東大から引き受けた時、彼が、日本の古い海図をあれこれと引き出しては何かやっているんですよ。一体、何をやっているのだろうか、と思っていたんですが、そのうち帰国してしまいました。そしたら翌年、突然、天皇海山列でしょう。データは私どもが持っていたんです。気がつきませんでしたねー。こればかりはディーツに完全に出し抜かれましたよ」、とおっしゃってまことに残念で堪らぬという表情をされた。

須田晥次は、戦争終結によって海軍の束縛をやっと解かれた水路部を、第一級の研究機関へと拡充・発展させようと意気込んでいました。ディーツによる天皇海山群の命名は、その矢先の出来事だったので、ものの見事に足元をすくわれてしまったわけですが、一方で、「このガッツを見習わなくちゃ」と痛快に感じていたのかもしれません。奈須の文章からは、そんな須田の心情がよく伝わってきます。それだけディーツの存在感は大きく、目立っていたのでしょう。

ディーツは水路部に滞在中、戦前からの職員にも気さくに接し、陽光丸航海のようすやデータ取得の方法などについて、いろいろと情報収集に努めたことでしょう。陽光丸で音響測深班の班長だった土屋実にも、きっと会いたかったに違いありません。ところが彼もまた、明神礁の爆発で殉職した直後でした。

藤井正之は「天皇海山列物語」の中で、親しみを込めてディーツの心中を推し量っています。

Dietzさんは、これ等の資料は昭和17年という、太平洋戦争の中、北太平洋が、最も烈しい戦場であった時期に、自らは、何一つ武装せず、護衛艦も無しの単船で、太平洋の中部まで進出し、海山を発見すると、時間の許す限り、実体を極めるべく、沈着に取り組んだ日本の海洋学者の熱意に感激されたと考えます。

そこで、彼は、この海山列の名称は、誰もが日本を連想するものにしたいと、苦慮されたのでしょう。その結果、日本人が尊敬する天皇（特に古代の）の名をつけると、日本人が喜ぶであろうと、思われたのでしょう。

ディーツが天皇名をつけたことは、日本人に対する好意の現れだと考えた人は他にもいます。大学生時代に水路部でアルバイトをし、ディーツの仕事を手伝った経験のある佐藤任弘《たかひろ》（のちに海上保安庁水路部長）は、随想（佐藤、1971）の中で、「ディーツに古代天皇の話をして、その名前を教えたのが誰なのか分からないが、この命名は彼の好意的な発想だったと解したい」と述べています。

田山利三郎の三男・海老名卓三郎博士は、著書（海老名、2014）の中で、「父が名付けた北西太平洋海嶺は後にディーツ博士が海洋生物研究所で簡潔で本質をついた質問をなさる昭和裕仁天皇に昭和二十八年五月にお会いしたことと、父などの業績など、日本国に敬意を表して『天皇海山列』として命名されました。（中略）やがて、ディーツ博士の『大洋底拡大説』が生まれ、現在の『プレートテクトニクス』へと進展したのです」と記載しています。

4-9 神功皇后が含まれた理由は？

それにしても、米国屈指の海洋地質学者であるロバート・ディーツと日本の古代天皇——。どう考えても突飛な組み合わせです。そこで、つい寄り道して調べてみたくなりました。

来日中のディーツが、誰かと古代史を話題にしたとか、古代天皇について質問をしたとか、そのような事実が残っていれば、興味深いエピソードとして、誰かが書き残していそうな気がします。いろいろ探してみたのですが、残念ながらそのような記事は見当たりませんでした。

ただ、興味深い資料が、一つだけ見つかりました。当時の水路部で、ディーツと交流のあった苛原暲《いらはらあきら》（のちに第九管区海上保安本部水路部長）による随想（苛原、1987）です。それによれば、海山に天皇名を付した理由を問われたとき、ディーツは「多年日本の古代史に興味を持っていたから」と答えていたそうです。このことから、ディーツ自身が、日本の古代史についてある程度の知識をもっていたことが窺われます。

戦時中、空軍将校だったディーツは、敵情分析の一環として、日本の歴史や精神文化などについて知識を深めたのかもしれません。とはいっても、古代天皇のアイディアとなるときわめて特殊なので、誰か日本人が提供したのだろうというのが、これまでの常識的な解釈でした。

しかしながら、ぼくの得た結論は少し違います。いくつかの状況証拠から見て、天皇海山の命名には日本人は関わっておらず、ディーツが独自に命名した、と考えざるを得ないのです。

その根拠の一つは、ディーツの論文中に、命名に関する謝辞がいっさい載《の》せられていないことです。天皇名を選ぶにあたって、日本人（あるいは日本史に詳しい英米人でもよい）のアドバイスを受けたのなら、そのことを論文の謝辞に記載すべきですが、それがまったくありません。

そしてもう一つの根拠は、海山の中に「神功海山」が含まれていることです。

神功皇后――。第14代・仲哀天皇の皇后にして、第15代・応神天皇の母として知られますが、実在した可能性は低いとされる伝説上の人物です。臨月にもかかわらず、腹部に石を巻きつけて朝鮮征伐に赴いた女傑として、『古事記』や『日本書紀』では多くのページを割いています。

ただ、神功皇后はあくまで「皇后」、あるいは「皇太后」であり、天皇にはなっていません。すなわち、その名を天皇海山群に含めることには違和感が残ります。

もし、古代史の知識をもった日本人の誰かが天皇海山の命名に関わっていたのなら、「神功皇后は天皇ではないのだから、含めるのは不適切ですよ」とディーツにアドバイスしたことでしょう。しかし、現実には神功海山が含まれている。ということは、日本人によるチェックは行われなかったのだろうと思うのです。

「いや、日本人による助言はあったが、あくまでディーツの好みで、神功皇后を強引に含めたのだ」という可能性も、もちろん否定できません。このときの9つの海山群の中で、女性は他には推古天皇だけです。男女バランスの悪さを気にしたディーツが、神功皇后に白羽の矢を立てたという推測もありえます。

日本語では「女帝」と「皇后」は明確に区別されますが、じつは英語では、どちらもEmpressです。「Emperor Seamountsの中にEmpressがひとりやふたり入ってもかまわないだろう。推古天皇だって、Empress Suikoなんだから」とディーツが強硬に主張すれば、無理が通ったかもしれません。

4-10 「神功」を何と読む?

しかし、それでもなお、ディーツの周囲には日本人の助言者はいなかった、そしてディーツが独自に天皇海山の命名を行った——ぼくはそう考えます。

TABLE 2.—DATA ON EMPEROR SEAMOUNTS* FROM CHART 6901 SOUNDINGS

Numerical Name	Name	Least Depth (meters)	Total Relief (meters)	Depth of Flat Top (meters)
52–170	—	2976	1900	3000
51–168	—	2352	2700	—
49–169	Tenchi	1857	4300	—
46–169	Jimmu	1299	5100	1340
45–170	Suiko	1572	5000	1600
41–170	Nintoku	949	4200	960
38–171	Jingo	2194	—	—
38–170	Ojin	1848	4600	—
34–172	Kinmei	1560	4500	—
33–172	Yuryaku	300	5000	—
32–173	Kanmu	292	5200	300
30–174	—	1969	3200	—

表4-1：ディーツが最初に天皇海山群を命名したときの海山一覧表　枠で囲んだ部分に"Jingo"と記載されている（Dietz（1954）より）

その極めつきの根拠は、ディーツが天皇海山群を命名した１９５４年の論文の中に隠れていました。表４－１を見てください。これは、彼の論文中に掲げられている、天皇海山群の名称一覧表を転載したものです。表のちょうど真ん中あたりに「神功海山」があります。その綴りが、"Jingo"であることに注目してください。

「Jingo だって？ Jingu の間違いだろう。ミスプリントだよ」とみなさんは思うことでしょう。ぼくも最初は、そう考えました。

ところが、ディーツが参照したかもしれない『古事記』の英訳本を見たとき、ぼくは「ああ、そうか」と目からウロコの落ちる思いでした。当時の『古事記』の完全な英訳書といえば、英国の著名な日本文化研究者で、１８７３年（明治6年）に来日後、38年間も日本に滞在し、東京帝国大学で教鞭をとったバジル・ホール・チェンバレンが１８８３年（明治16年）に英訳したものしかありません。他に磯邊彌一郎が１９２８年（昭和3年）に出版した英訳もありますが、これは完訳ではなく、一種のダイジェスト版です。そして、これら2冊の英訳本ではいずれも、神功皇后のことを「Empress Jingo」と記しているのです！

念のために、英国の外交官で日本学者でもあるウィリアム・ジョージ・アストンが１８９６年（明治29年）に翻訳した『日本書紀』の英訳版も調べてみました。すると、ここでも神功は“Jingo”なのです。

神功皇后の出てくる古い文献をいろいろ調べてみたところ、江戸時代後期の戯作者・曲亭（滝沢）馬琴による読本『松浦佐用媛石魂録《まつらさよひめせきこんろく》』の中で、神功皇后に「じんごうくわうがう」とルビがふられているのを見つけました。

ひょっとして、昔は「じんごう」と読んでいたのだろうか？——調べ出すと止まらなくなり、次に明治期の古い教科書や解説書の類いに目を通してみました。現在では多くの古文書が国会図書館で電子ファイル化されており、自宅からインターネット経由で読むことができるのです。便利な時代ですね。その結果を表４-２にまとめました。

発行年（西暦）	発行年（年号）	著者・作者	書名	種類	「神功」の読み方
1808	文政11年	曲亭馬琴・歌川豊広・池田英泉	松浦佐用媛石魂録	時代小説	じんごう
1892	明治25年	淺井政綱	小學日本歴史稿本	解説書	ジンゴウ、じんぐう
1894	明治27年	小山傳太郎	繪入簡易小學日本歴史	解説書	じんごう
1902	明治35年	福永太吉	高等小學日本歴史大要字解	解説書	ジングー
1903	明治36年	文部省	尋常小學讀本	教科書	ジングー
1910	明治43年	教育研究會（行川靜）	小學教科書字解（尋常小學日本歴史）	用語集	ジングウ
1910	明治43年	國民教育研究會（遠藤國次郎）	尋常小學日本歴史教授新案	解説書	ジングウ
1912	明治45年	椚茂策	國定歴史教科書挿畫解説	解説書	じんぐう
1921	大正10年	木藤重德	尋常小學國史詳説及教法	解説書	じんぐう
1927	昭和2年	文部省	尋常小學國史	教科書	じんぐう
1934	昭和9年	綜合教育研究會	綜合教育書（尋常小學第五學年）	解説書	じんぐう
1935	昭和10年	中村孝也	尋常小學國史の活用	解説書	じんぐう

表4-2：「神功」の読み方の変遷（江戸時代末期より太平洋戦争直前まで）

おおまかな傾向を見てとることができます。要するに、明治の中頃までは「じんごう」または「じんぐう」と、ふたとおりの読み方が混在していたのが、明治末期の20世紀に入ったあたりから「じんぐう」に統一されたようなのです。

繰り返しますが、チェンバレンが『古事記』を英訳したのは１８８３年（明治16年）、アストンが『日本書紀』を英訳したのが１８９６年（明治29年）のことでした。彼らは当然、当時のしかるべき日本人に読み方を確認したうえで、"Jingo"と綴ったのでしょう。

ディーツは、これら英訳本の綴り方を特に疑うことなく、そのまま命名に使用したと考えられます。もしも事前に日本人がチェックしていたのなら、「いまはJingoではなくて、Jinguですよ」と読み方を訂正したはずだからです。

ちなみに、１９５７年から１９５９年にかけて日本に留学し、國學院大學で修士号を取得した米国人、ドナルド・フィリッパイが、１９６８年にチェンバレンに次ぐ『古事記』の完訳を果たしているのですが、ここでは、神功皇后はEmpress Jinguと「現代風に」綴られています。

4-11　大洋底拡大説からプレートテクトニクスへ

天皇海山群命名の謎解きにだいぶ寄り道をしてしまいました。サイエンスの話に戻りましょう。

ロバート・ディーツは1961年、有名な「大洋底拡大説」を「ネイチャー」誌に公表しました。ほとんど同時に、米国のハリー・ハモンド・ヘスも独自に同じ説を発表し、彼らはこの業績によって、不朽の名声を博することとなります。

大洋底拡大説とは、新しい海洋地殻が中央海嶺で生み出され、マントルの対流に乗って左右に拡がっていき、やがて海溝で地球深部にもぐり込んで消失するという考え方です。大洋底の動的な成り立ちを、矛盾なくスマートに説明できる画期的な学説でした。なにしろ、海底堆積物の厚さが地球の年齢から見て薄すぎることや、海底からジュラ紀以前の古い岩石がいっさい採取されないことなど、それまで太平洋の謎とされてきた諸問題を一挙に解決してしまったのですから。

ハワイを起点とするハワイ諸島、そして天皇海山群へとつながる一連の海底地形を詳しく描き出し、それを太平洋の海底の動きに結びつけたことが、ディーツを大洋底拡大説の構築へと向かわせたのです。先に紹介した海老名卓三郎博士の記述は、この点に言及したものでした。

大洋底拡大説は、地球のダイナミックな営みを正しく理解しようとする研究に格段の弾みをつけました。ほどなく、20世紀最大のパラダイムシフトともいわれる「プレートテクトニクス」理論へと結実してゆくことになります。

4-12 3倍に増えた天皇海山

1954年に、ディーツが最初に命名した天皇海山は、すでに述べたように9つでした。その後、地形調査がさらに続けられた結果、同じライン上に新しい海山が次々と見つかっています。それらの多くに日本の天皇の名前が冠されていますが、これらの命名はディーツ以外の研究者たちによるものです。

表4-3に、現時点で天皇海山群に属する海山を緯度順にまとめました。ディーツによる9海山を太字で示しますが、現在の天皇海山群は、彼が命名したものの3倍強に及ぶ30を数えます。ただし、これらの名称の中には、ごく最近に発見され、発見者がその報告論文の中で命名したのみで、国際的にはまだ承認されていないものもありますので、ご注意ください。

表中に、国際的な認証度の目安として、各海山がGEBCOの地名リスト（73ページのコラム2参照）に含まれているかどうか、また、海上保安庁海洋情報部の地名リストに含まれているかどうかを「○／×」で示しました。GEBCOと海洋情報部で、海山の位置（緯度、経度）がわずかに異なるときは、前者の数値を優先しています。なお、安寧海山と持続海山は位置がきわめて近いことから、同一の海山である可能性があります。

日本語名	英語名	天皇の即位順	緯度（北緯）	経度（東経）	GEBCO登録	海洋情報部登録	年齢（万年）
明治海山	Meiji	122	53° 05'	164° 45'	○	○	
デトロイト海山	Detroit		51° 15'	167° 45'	○	×	7800
舒明海山	Jomei	34	49° 40'	168° 13'	×	○	
天智海山	**Tenji**	38	49° 00'	168° 35'	○	○	
ウィネベーゴ海山	Winnebago		48° 21'	168° 04'	×	×	
斉明海山	Saimei	37	47° 25'	169° 03'	×	○	
神武海山	**Jimmu**	1	46° 00'	169° 25'	○	○	
天武海山	Tenmu	40	45° 40'	170° 00'	×	○	
推古海山	**Suiko**	33	44° 35'	170° 20'	○	○	6500
昭和海山	Showa	124	43° 00'	170° 30'	○	×	
用明海山	Yomei	31	42° 20'	170° 07'	×	○	
後醍醐海山	Godaigo	96	41° 45'	170° 30'	○	×	
ニニギ海山	Ninigi		41° 44'	170° 12'	○	×	
仁徳海山	**Nintoku**	16	40° 55'	170° 40'	○	○	5600
神功海山	**Jingu**		38° 50'	171° 15'	○	○	5500
応神海山	**Ojin**	15	38° 00'	170° 30'	○	○	5500
安寧海山	Annei	3	36.3°	171.6°	×	×	
持統海山	Jito	41	36° 17'	171° 38'	×	○	
光孝海山	Koko	58	35° 15'	171° 35'	○	×	4800
文武海山	Monmu	42	34° 15'	171° 15'	×	○	
大正海山	Taisho	123	33° 45'	171° 50'	×	×	
欽明海山	**Kinmei**	29	33° 43'	171° 30'	○	○	4000
安徳海山	Antoku	81	33° 40'	171° 40'	×	×	
源氏海山	Genji		33° 20'	172° 15'	×	×	
鳥羽海山	Toba	74	33° 15'	171° 40'	○	×	
後三条海山	Gosanjo	71	32° 55'	171° 35'	○	×	
雄略海山	**Yuryaku**	21	32° 45'	171° 50'	○	○	4300
後白河海山	Goshirakawa	77	32° 40'	171° 40'	○	×	
桓武海山	**Kammu**	50	32° 10'	173° 00'	○	○	
大覚寺海山	Daikakuji		32° 05'	172° 15'	×	×	4200

表4−3：2017年の時点で天皇海山群に含まれる30海山　太字は、図4−1に掲げた主要な9海山。各海山の位置情報は、主としてGEBCOによる。GEBCOにない場合は、海上保安庁海洋情報部による情報を引用し、いずれにも登録されていない海山については、初出の論文から引用した。海山の年齢は、ウェブサイト(http://www.soest.hawaii.edu/GG/HCV/haw_formation.html)より。

30海山のうち、5分の1にあたる6海山は、天皇の名前ではありません。神功海山については前記のとおりですが、他に、明らかに天皇名でないものとして、デトロイト海山、ウィネベーゴ海山、大覚寺海山、ニニギ海山、および源氏海山の5つがあります。ただし、「大覚寺」は、鎌倉時代中期から南北朝時代にかけて分裂・対立した天皇家（皇統）の一つ「大覚寺統」から、また「ニニギ」は、神武天皇の曾祖父で天孫降臨した瓊瓊杵尊（ニニギノミコト）から採られており、天皇とまったくの無関係というわけではありません。

ディーツの命名した天皇名は、いかなる理由があったのか、すべて古代天皇に限られています。しかし、その後になされた命名では、明治・大正・昭和のように、ごく最近の天皇名も含まれています。もし、この一覧表（表4-3）をディーツが見たら、「ちょっと違うんだがなぁ……」と苦言を呈したかもしれませんね。

4-13 海山群はなぜ、「くの字形」に折れ曲がっているのか?

何度か述べたように、北西太平洋の海底地形でひときわ目を引くのが、天皇海山群とハワイ海山群とのあいだの、きれいな「く」の字形の折れ曲がりです（77ページ図3-1参照）。

これらの海山は、共通のホットスポットに由来する火山として誕生し、太平洋プレートの動き

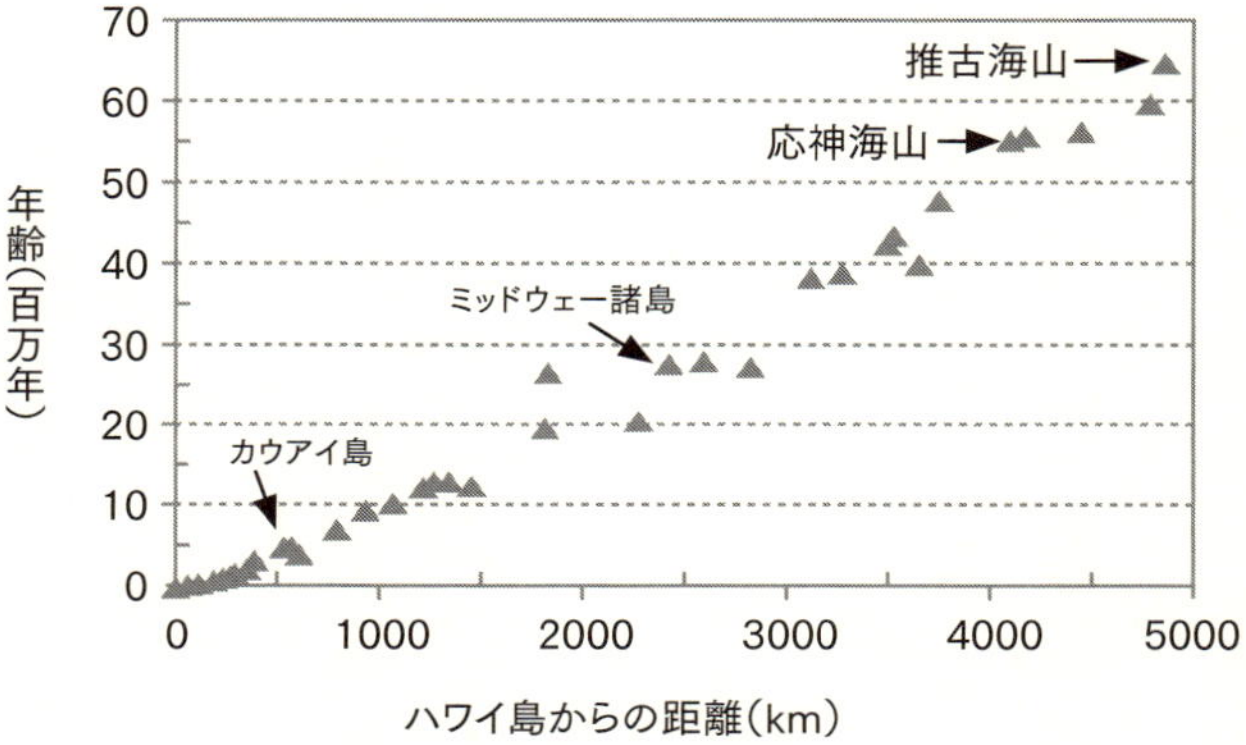

図4-5：ハワイ諸島～天皇海山群間の火山岩の年齢と、各火山のハワイ島からの距離との関係（http://www.soest.hawaii.edu/GG/HCV/haw_formation.htmlの図を改変）

に乗って移動してきたものです。いま、まさに活動中のハワイ島やロイヒ海山から、天皇海山群の北端部にある明治海山まで、じつに6000キロメートルもの長距離にわたって、起源をともにし、年齢だけが異なる島や海山が連綿と連なっているわけです。

ハワイ島から遠ざかるほど、島や海山の年齢が古くなることは、火山岩の年代を調べることによってわかります。よく用いられるのが、カリウム-アルゴン（K-Ar）法（火山岩が固結した後、岩石中の放射性核種^{40}Kが放射壊変して^{40}Arに変わることを利用した年代測定法。古い岩石ほど^{40}Ar／^{40}K比が大きくなる）です。この方法で得られた年代を、先の表4-3の右端の欄に示してあります。

これらの年齢を、図4-5に示すようにハワイ島からの距離に対してプロットすると、直線が得られます。このことから、一連の島や海山が、ほぼ一定の速度（約10センチメートル／年）で、ホットスポットから遠ざかりつつあることがわかります。

ホットスポットが不動で、その上をプレートが同じ方向に動き続けるならば、火山や海山の列は同一直線上に並ぶはずです。これが折れ曲がっているということは、移動するプレートの向きが変わったことを示唆しています。

表４-３に示したように、ちょうど曲がり角のあたりにある欽明海山や雄略海山の年齢は４０００万～４５００万年です。したがって、いまからそれくらい前に、太平洋プレートの動く方向が、それ以前の北～北北西の方向から反時計回りに約60度変化して、西北西の方向に変わったと考えれば、海山群の並び方をうまく説明できます。

ホットスポット海山の並び方から、過去のプレートの動きがわかる模範的な実例として、この話はプレートテクトニクスの教科書や参考書にたびたび取り上げられてきました。

ところが——、この〝定説〟に最近、「待った」がかけられました。不動の基準点と見なされてきたホットスポットが、「じつは動いていたらしい」というのです。

いったいどういうことなのでしょうか？

4-14 ホットスポットはかつて、もっと北方にあった！

天皇海山群は、いまでこそ深海底に静かに聳え立つ冷えた山々ですが、かつては現在のハワイ島やロイヒ海山のように、活発に溶岩を噴き出す活火山でした。溶岩は冷えて固まる際、そのときの地球磁場の方向を記録する性質をもっています。溶岩の中に、鉄などの磁気をおびやすい化学元素が含まれているためです。

図4-6にあるように、地球は一つの巨大な磁石です。南極付近にあるN極から北極付近にあるS極に向かって、磁力線が走っています。このような地球磁場の向きが、火山岩に記録されるのです。

地球磁場は、二つの成分に分かれます。「偏角《へんかく》」と「伏角《ふっかく》」です。山登りをするときなど、方角を知るためにコンパスを使いますね。偏角とは、コンパスの針が指し示す北の方向と、真の北極点の方向とのわずかなズレのことです。一方、伏角とは、コンパスの針が水平面からどれだけ傾いているかを示す角度です。この伏角が、重要な情報をもたらしてくれます。

赤道付近では、磁力線は地表に対して平行になっているため、コンパスの針は水平です（伏角がゼロ）。しかし、北極に近づいていくと、磁力線の向きと地面とは平行でなくなり、コンパスの針は、北を指しながらお辞儀をするようになります。このお辞儀の角度がすなわち伏角で、北へ行くほど（高緯度になるほど）その値は大きくなっていきます。

伏角と緯度とのあいだに1対1の関係がある——これが重要なポイントです。火山岩に残存する古地磁気（残留磁気）を調べれば、その溶岩が固まったときの伏角、つまり、その当時の緯度がわかります。天皇海山群がかつてハワイ島の付近で生まれたとすれば、その火山岩の示す伏角は、ハワイ島付近の緯度に対応したものでなければなりません。

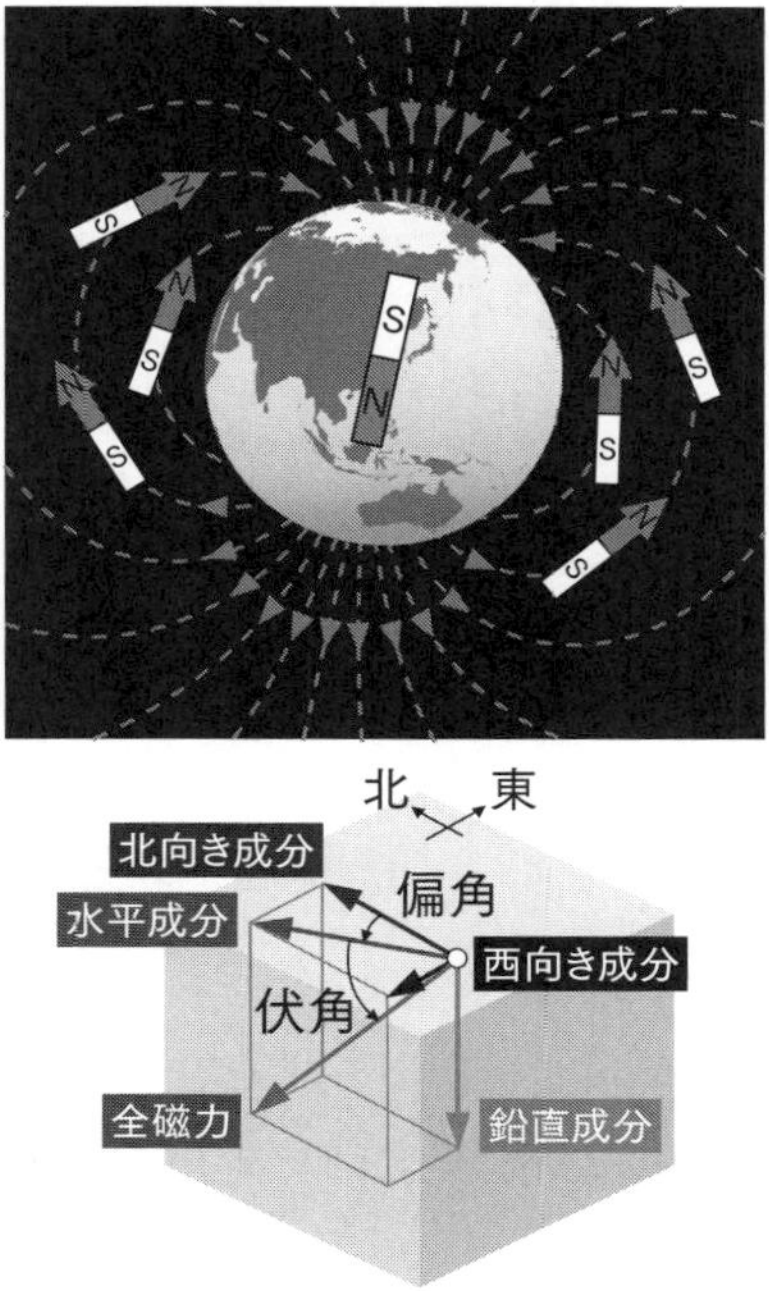

図4−6：地球磁場の偏角と伏角

　いくつかの天皇海山で海底の掘削が行われ、採取された火山岩に残されていた古地磁気が調べられた結果、驚くべきことが判明しました。天皇海山の岩石に残されていた伏角、すなわち古緯度は、現在のハワイ

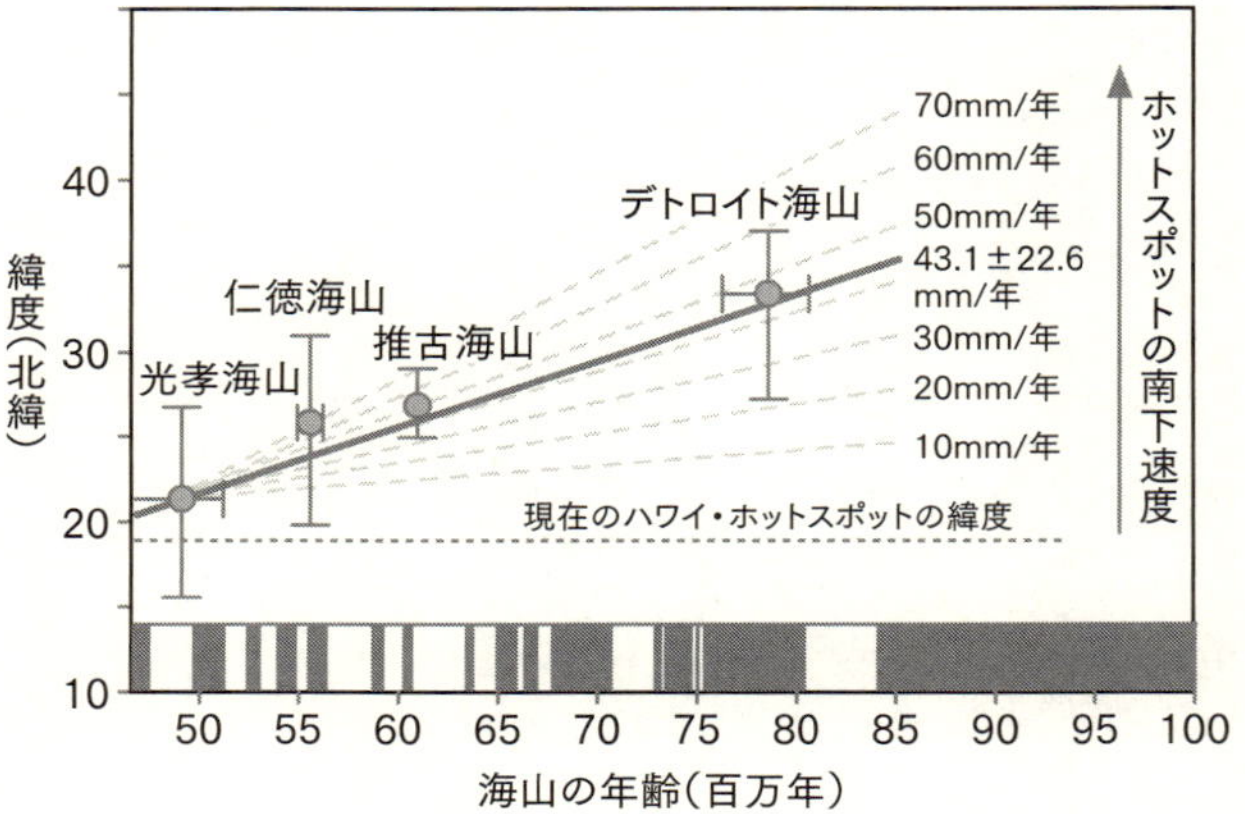

図4−7：天皇海山群の海山の年齢と、伏角から推定される生成緯度との関係（Tarduno *et al.*（2003）の図を改変）

島（北緯19度）より、ずっと北側であったことを示していたのです。

天皇海山群の中ほどにある推古海山が、北緯27度あたりで形成されたことを最初に明らかにしたのが、東京工業大学の河野長《こうのまさる》教授で、1980年のことでした。

その後、ロチェスター大学のタルドゥーノ教授らが、デトロイト海山、仁徳海山、および光孝海山で次々と残留磁気の伏角を調べた結果、古い海山ほど、生成時の緯度が北方にズレていることが明らかになりました（図4-7）。

ホットスポットの位置は一定不変である、という大前提は、こうして崩れてしまいました。天皇海山が活発に噴火していた時代のホットスポットは、現在のハワイ島よりも北にあり、それが時間とともに、じわじわ南下してきたのです。その南下速度は、もし太平洋プレートの移動方向が不変であるならば、年間約4センチメートルと推定されます（図4－7参照）。

そして、折れ曲がりの時期（4500万〜4000万年前）にホットスポットの南下が止まり、そのまま現在にいたっていると考えれば、古地磁気の示すデータとうまく整合します。

4－15 海山群の並び方を決める「マントルの風」

ホットスポットは決して不動ではなく、移動する――この事実が明らかになったことで、マントル内の物質の動きや、マントルプルームの挙動に関する研究が大きく前進しつつあります。

第2章でも述べたとおり、太平洋の海底はるか下方、核とマントルとの境界付近からマントルプルームとよばれる高温の物質が上昇しており、その枝分かれした細い流路の末端が、太平洋のあちらこちらでホットスポットになると考えられています（57ページ図2－5、58ページ図2－6参照）。一方、海溝で沈み込み、マントル深部まで落ちてゆくプレートは、マントル内で下向きの物質輸送を担っていると考えられます。

こうしてマントル内には、ごくゆっくりとではあるものの複雑な循環が生じています。そして、そのパターンは、時間とともに向きや速さを変化させているらしいのです。タルドゥーノ

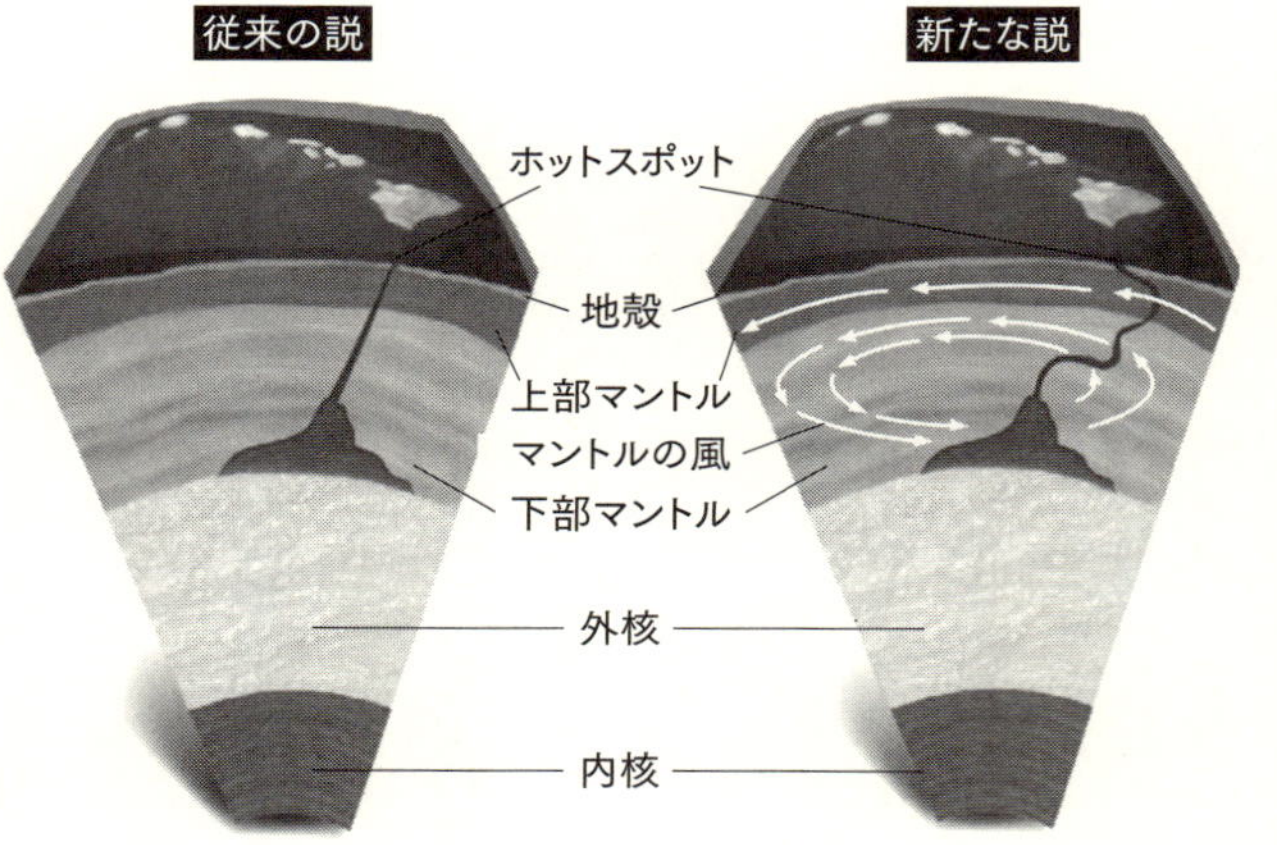

図4−8：マントルの風によってホットスポットの位置が変わるイメージ（タルドゥーノ(2008)より）

は、これを大気の運動になぞらえて「マントル内を吹く風」とよびました。

ホットスポットのように細い上昇流は従来、マントルの風の影響をほとんど受けず、同じ場所に噴き出し続けるものと見なされてきました。しかし、天皇海山群から得られた古地磁気のデータがきっかけとなって、「ホットスポットもまた、マントルの風の影響を受けて、その上昇流はゆらぎ、地表での噴出場所が移動する」と主張する新しい学説が提起されています（図4−8）。

とはいうものの、ハワイ海山群と天皇海山群の大きな折れ曲がりを、ホットスポットの移動だけで説明できるのかというと、どうやらそう単純な話ではなさそうです。

地球は、一筋縄ではいかない複雑な星なの

ですね。地球全体にわたるプレート運動、マントル内の地震波トモグラフィー、地球の極移動など、さまざまな要素を採り入れた総合的なモデルによる検証が進められています。最新の研究例では、ホットスポットの移動だけでなく、太平洋プレートの向きもやはり変化した、と考える折《せっ》衷《ちゅう》モデルによって、海山群の折れ曲がりをうまく説明できることが示されています（Torsvik *et al.*, 2017）。

まだまだ論争は続くことでしょう。太平洋に散らばるホットスポット（57ページ図2－5参照）が生み出す海山群は、過去に太平洋プレートがどう動いていたのか、そしてホットスポットの位置がどう変わってきたのかを知る重要な情報源です。天皇海山群は今後、その先駆けとしての重要性をますます高めていくに違いありません。

そして、ハワイ以外のホットスポットについても研究が進みつつあります。太平洋全体にわたり、マントル内を吹く風の複雑なパターンの解明に向かうと期待されます。

COLUMN ❹

ダイアローグ：天皇海山群をめぐって

おや、前著『日本海』にも登場した女子学生Aと老教授Bが、今回もなにやら対話を交わしている最中です。話題は本章でご紹介した、あの謎の海山群のようですね。

B「……それにしても、どうしてロバート・ディーツは古代天皇に通じていたのだろう。何かきっかけがあったのかねえ」

A「先生、ディーツさんがなぜ、日本の古代史に親しむようになったのかについて、私にひとつ仮説があるんです。ディーツさんは、ラフカディオ・ハーン（図4-9）の著作に親しんでいたのではないでしょうか」

B「ハーンというと、『怪談』や『日本の面影』を書いた小泉八雲のことかい？」

A「はい、その小泉八雲です。太平洋戦争中のアメリカ軍部では、日本との心理戦を行ううえで、日本人とはどんな民族なのかを勉強する必要に迫られて、ハーンの著した『神国日本――解明への一試論』（1904年刊行）がよく読まれたそうです。戦後、マッカーサーの軍事秘書だったボナー・フェラーズ准将は、この本を『日本人の心理を理解するための最高の本だった』と、高く評価しています。図書館で翻訳を見つけてパラパラと読んでみましたが、日本の神道の由来や『古事記』についていろいろ書かれていました。ディーツさんが戦時中に軍人だったのなら、この本を手にしていてもおかしくないですし、戦後に来日する前に、日本を理解しようと、じっくり読んだかもしれません。ハーンは、『古事記』を英訳したチェンバレンとも親交を結んでいた

図4－9：ラフカディオ・ハーン（1850－1904）　小泉八雲の名でも知られる彼の著作が、ディーツに影響を及ぼした……？

ことがあります」

B「……ふーむ。ユニークな着眼だね。確かめるすべはないが、ディーツがどうして古代天皇という着想にいたったのかを解き明かす、有力なミッシングリンクかもしれない。それにしても、君は理科系に似合わず、文科系の素養もたいしたものだ」

A「先生、理系とか文系とか区分けするのは古い考えだと思いますよ。超学際科学の時代ですから」

B「これは一本取られたな（笑）」

A「なるべく広い視野をもちたいと思っています」

B「戦後の日本では、GHQの指令もあって、軍国主義に関わったものは徹底的に排除しようとした。それはいいんだが、２０

00年以上の長い時間をかけて熟成された情緒や文化、素朴な信仰までも否定しようとしたんだ。もしディーツが、君のいうようにハーンの愛した伝統的な日本の情緒を期待して来日したとすれば、戦後の日本の急転回はあまりに過激に見えただろうね。そこで、ちょっとブレーキをかけてやれ、と古代天皇を持ち出したのかもしれない。ただ、彼にとっては残念なことに、日本人が喜ぶと思ってつけた天皇海山群が、当時の日本の学界ではさっぱり理解してもらえなかったようだね」

〰〰〰〰〰〰〰〰〰〰〰〰〰〰〰〰〰〰〰〰

A「そのあたりの事情を、しっかり書き残してくれたらよかったのに」

B「自然科学者ふぜいがちょっとやりすぎたか、と照れくさかったのかな。そんなことより大洋底拡大説の論文をまとめなきゃ、なんて本業に精を出しているうちに時間が経ち、地名としての天皇海山群はうまく世界に根づいていった。彼はそれで満足して、あとは知らぬ顔でいたのだろう」

A「一度お目にかかって、いろいろお話ししたかったなあ」

第5章 島弧海底火山が噴火するとき

——それは突然、火を噴く

5-1 島弧火山はどう生まれるのか

ホットスポット火山とともに、太平洋において大きな立ち位置を占めているのが島弧火山群です。西太平洋を南北に貫く島弧火山群については、2-4節でかんたんに紹介しました。この章では、島弧火山の成り立ちや具体的な観測事例などについて、さらに踏み込んでお話ししたいと思います。

太平洋プレートが海溝で沈み込むことによって、海溝の西側に誘発されるのが島弧火山です。沈み込むプレートは古くて冷たいはずなのに、海溝の後ろ側になぜ火山ができるのでしょうか？

その秘密を解くカギは、プレート内に含まれていた「水」が握っています。

太平洋プレートが西へ西へと移動するあいだ、その上側には当然ながら、つねに海水があり、海水はプレートの表面から内部へと滲み込んでいきます。その海水は、表面にある堆積層だけでなく、さらにその下にある基盤岩（中央海嶺でマグマが固まってできた岩石）まで到達します。すると岩石は変成を受け、鉱物の結晶構造の一部に水が取り込まれます。このような鉱物のことを「含水鉱物」とよびます。

図5－1を見ながら、水をたくさん含む太平洋プレート（リソスフェアとよぶ）が、海溝で沈み込んでいくようすを想像してみてください。

沈み込むにつれて、プレートにかかる圧力が高まっていきます。すると、プレート内の含水鉱物から水が抜け出し、プレートの上側にあるマントル（横から見たときの鋭角的な形状から、「くさび状マントル」または「マントルウェッジ」とよばれます）に移行していきます。その結果、含水マントル層ができ、その内部ではマントルの主成分である橄欖《かんらん》岩の一部が、蛇紋《じやもん》石や角《かく》閃《せん》石、雲母《うんも》などの含水鉱物に変化します（蛇紋石は軽いので、そのまま海底面まで浮上し、泥火山をつくることがあります）。

含水マントル層は、沈み込むプレートに引きずられ、深部へと移動します。さらに圧力が高まっていくと、角閃石や雲母から水が放出され、マントルウェッジ内を上昇します。

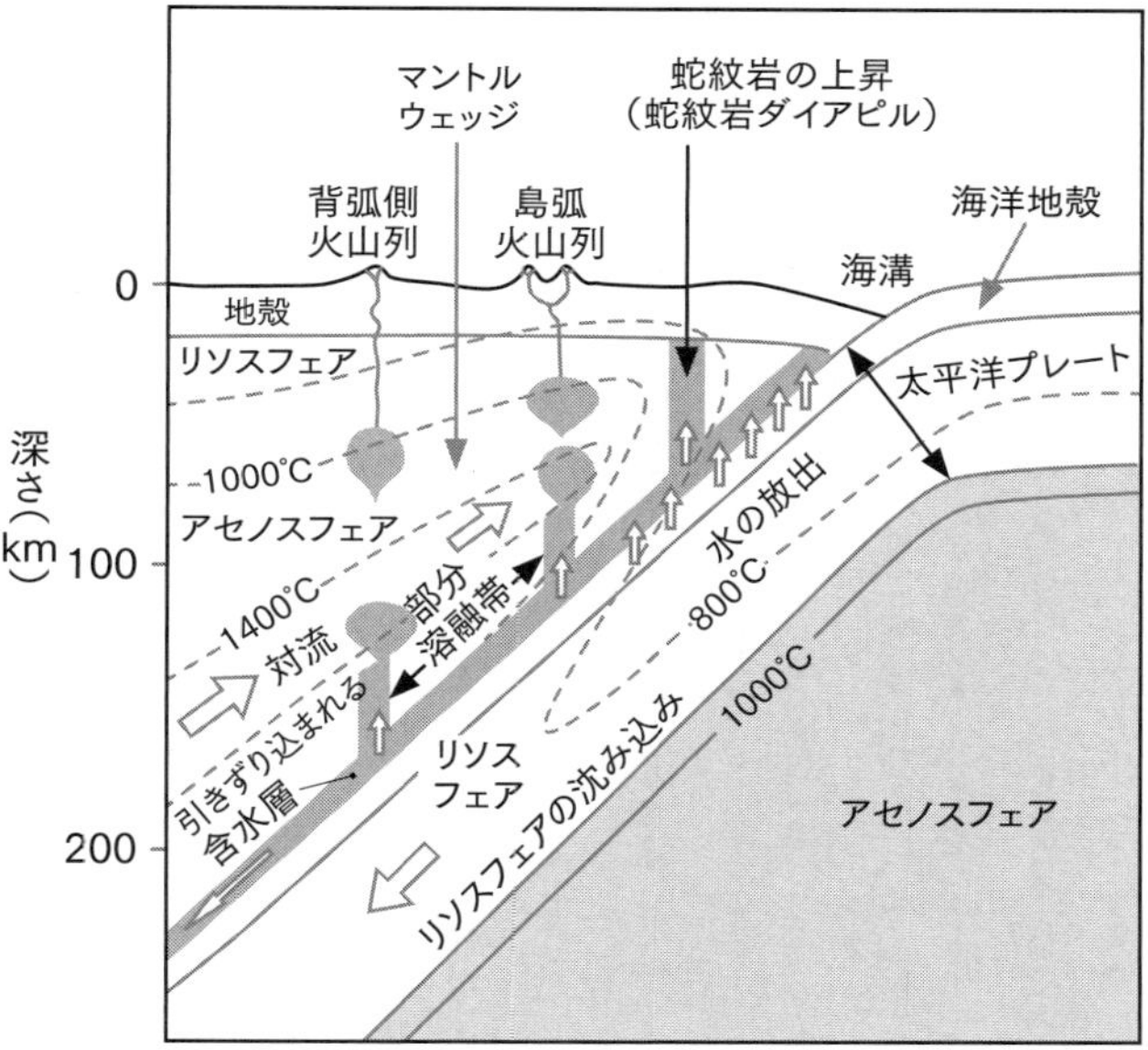

図5−1：島弧火山の生成メカニズム（平朝彦（2001）の図に加筆）

一方、マントルウェッジの中では、含水マントル層の下降による空白を補うように、高温のマントル（１１００～１３００℃くらいの橄欖岩ですが、溶けてはいません）が斜め上方向に上昇してきます。ここに下から水が添加されると、橄欖岩の融点が下がって一部が溶融し、マグマを生成すると考えられます。

こうしたマントルの部分溶融が起こるのは、深さが１１０キロメートルを超えたあたりです。マグマが上昇し、海底から噴き出すと、島弧火山が誕生します。

すでに54ページ図２－３で示し

たように、わが国の国土や近海は島弧火山のオンパレードです。いずれも、日本列島の東から南東に連なる海溝群（千島・カムチャツカ海溝、日本海溝、伊豆・小笠原海溝、およびマリアナ海溝）に伴う島弧火山（海山を含む）です。これらは、海溝軸から300〜400キロメートル西側に、海溝軸と平行して並んでいます。

島弧の火山島や海山は、あたかも万里の長城のごとく、太平洋のRing of Fire（55ページ図2-4参照）の強固な西側ブロックを構成しています。そして、ときとして突発的な噴火を起こします。それが大規模であれば、人間社会にも影響が及びます。

5-2 「海面の変色」を警戒せよ！

陸上の火山であれば、活動が活発であるか穏やかであるかは、目視や体感によってかなり見当をつけることができます。

派手に噴煙を吐き出したり、地震がひんぱんに起こっていたりすれば、間もなく大噴火するかもしれないと、ぼくらは身構えるでしょう。しかし、海上からは決して目にすることのできない、海の中の火山の活動状況は、どのようにすれば把握することができるでしょうか？

陸に近い海底火山であれば、その火山による地震活動を、陸上に設置した地震計で捉えることができるかもしれません。しかし、陸から遠く離れた外洋域にある海底火山の場合には、なかなかそうはいきません。

山頂が比較的浅く、海面から数十メートル程度まで迫っているようなときは、火山そのものは目に見えなくても、火口から放出された熱水やガス、岩石の断片などの物質が、海面に達することがありえます。２-８節でお話ししたブラックスモーカーが、あまり希釈されないうちに海面に顔を出したもの、と考えればわかりやすいでしょう。

熱水は、海水中にほとんど含まれていない鉄やマンガンのような重金属を大量に溶かし込んでいます。熱水と海水が混じると、それらの重金属元素が析出して、海水に色をつけます。特に目立つ色を出すのが鉄です。ロイヒ海山でも登場しましたが、鉄さびの赤っぽい色をした酸化物の細かい粒子ができ、火口直上の海面に拡がります。

このような海面の変色や濁りが、その直下にある海底火山の活動を、ぼくらに教えてくれます。たまたま近くを航行した船舶や、海上保安庁の航空機によって見つかることが多く、大規模な変色海面が発見されれば要注意火山と見なされ、厳重な監視がなされます。

海面すれすれまで迫る海底火山は、陸上の火山と同じように、噴煙や溶岩や水蒸気を、海面上まで直接、噴き出すことがあります。海上を行き交う船舶にとってはたいへん危険です。

5-3 31人の命を奪った明神礁の大噴火――第五海洋丸の悲劇

明神礁という名前は、特に年配の方々にとって、いまだ特別の響きがあるかもしれません。かつて、31名もの尊い人命を、一瞬のうちに奪い去った海底火山だからです。

明神礁は、本州南方の八丈島と鳥島のほぼ中間あたりに位置する海底火山です。図5－2に、明神礁近海の海底地形図と地形断面図を示しました。

明神礁カルデラとよばれる、直径約7キロメートルの陥没地形を囲んで、北東側に明神礁が、西側にベヨネーズ列岩が、そして、南側にもいくつか外輪山と思《おぼ》しき隆起部が存在します。また、カルデラのほぼ真ん中には、高根礁とよばれる中央火口丘があります。

ベヨネーズ列岩は、植生のない岩だらけの小島（最大高度約10メートル）や岩礁の集まりで、その名称は1850年頃にフランスの軍艦「バイヨネーズ号」によって発見されたことに由来します。一方の明神礁は、明治初期から10～20年おきくらいに、漁船によって噴火が目撃されており、海面上に顔を出したり、波に浸食されて沈んだりを繰り返してきました。現在の明神礁は、海面下にあります。

1952年9月17日、明神礁の激しい噴火が、静岡県・焼津港からカツオ漁に出ていた第十一

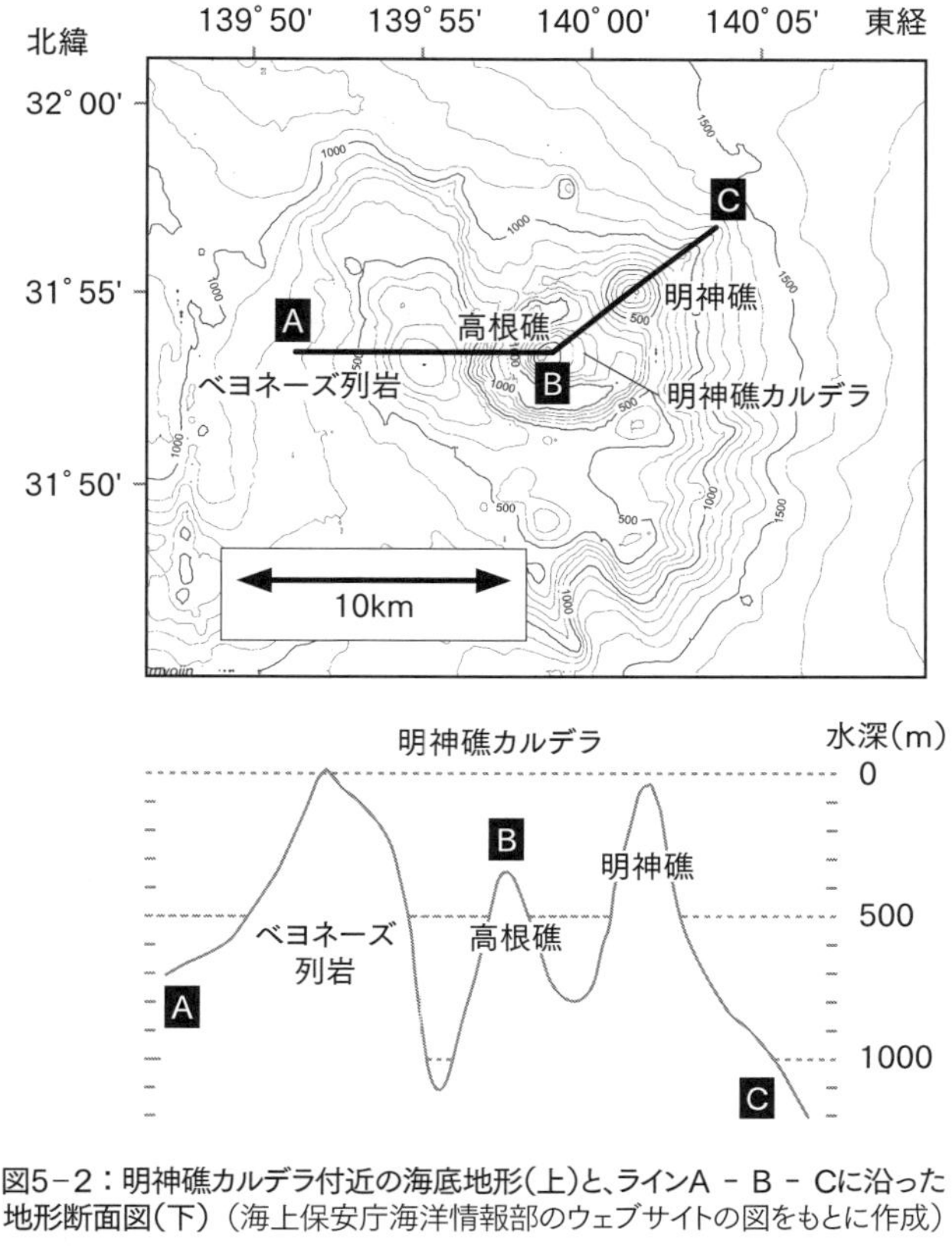

図5−2：明神礁カルデラ付近の海底地形(上)と、ラインA − B − Cに沿った地形断面図(下)（海上保安庁海洋情報部のウェブサイトの図をもとに作成）

図5-3：海上保安庁の測量船「第五海洋丸」（小坂丈予(1991)より）

明神丸（115トン）によって目撃されました。海面には変色海水が拡がり、軽石などの火山噴出物がおびただしく浮遊していたといいます。海面すれすれに噴火口が二つ見え、高々と噴煙を吐き出していました。

通報を受けた海上保安庁は、それまで名前のなかったこの火山を、噴火を発見した第十一明神丸の船名にちなんで明神礁とよぶことにし、付近を航行する船舶へと注意喚起しました。そして、噴火の詳しい状況を把握するために、測量船「第五海洋丸」（290トン）を急遽、現地に派遣することにしたのです。

第五海洋丸（図5－3）は、濱本春吉船長以下の乗組員22名と、研究調査団9名を乗せ、噴火から6日が経過した9月23日10時過ぎに東京港を出港しました。調査団長は、水路部測量課長であった田山利三郎が務めました。陽光丸での測深作業に大活躍した土屋実（4－5節参照）も、この調査団の一員として乗船しています。

第五海洋丸は、同日20時30分に「異状なし」の無線連絡を発して以降、消息がわからなくなりました。当初は、噴火によって船体がなんらかの被害を受け、無線機が故障して漂流しているのではないか、という見方もありましたが、日が経《た》つにつれ、遭難の可能性が強まりました。

米軍機の協力も得て、６隻の船が付近の海域を徹底的に捜索した結果、救命ブイや舷側手すり、艪など、噴火に遭遇したことを示唆する遺留品や、バラバラに破壊された船体の断片が見つかったためです。

第五海洋丸は、９月24日12時20分頃に明神礁噴火の直撃を受け、一瞬のうちに破壊・転覆したものと推定されました（このように詳細な時刻がどのようにして決められたかについては、次節で説明します）。乗船者全員が殉職するという大惨事の全貌が、しだいに明らかになりました。漂流物には、明神礁から飛来したと思われる火山岩の破片が鋭く突き刺さっており、その刺さり方から、２００~７００メートル毎秒の激烈な爆風を受けたことが判明しました。たいへん残念なことに、遺体はまったく見つかりませんでした。

事故より１日早い９月23日、東京水産大学（現・東京海洋大学）の神鷹丸《しんようまる》（２５０トン）が、明神礁付近を調査した記録が残されています。

そのとき、明神礁の山頂は海中に没しており、付近はおびただしい変色海水に覆われていました。神鷹丸は火口から２キロメートル弱の至近距離まで近づき、数回の激しい噴火を目撃してい

図5－4：1952年9月23日13時12分に発生した明神礁の噴火　海面から噴煙の頂点までは410m（東京水産大学「神鷹丸」船上の小坂丈予博士が、距離1.8kmの海上から撮影）

ます（図5－4）。大量の火山噴出物で黒っぽく見える海水が、400メートル以上の高さにまで噴き上がっていたと報告されています。

5-4 噴火の〝音〟を捉えていたディーツ博士

ここで、天皇海山群の名付け親であるあのロバート・ディーツ博士が、ふたたび登場します。なんとディーツ博士は、第五海洋丸を破壊した明神礁の大噴火の「音」を、太平洋を隔《へだ》てたはるかアメリカの西海岸でキャッチしていたのです。

第五海洋丸の遭難は動かしがたい事実だとしても、船体を一瞬で四散させるような大噴火が、ほんとうに起こったのか、起こっていたとすれば、それはいつのことだったのか――は、謎に包まれたままでした。なにしろ、現場を目撃した生存者が存在しないのですから、確かめようがありません。

これらの疑問に決定的な答えを与える資料を、ディーツは来日した１９５２年11月、その手に携えていました。

それは、「ＳＯＦＡＲ《ソーファー》（Sound Fixing And Ranging）」とよばれる、米国海軍の水中聴音装置が捉えた音の記録でした。ＳＯＦＡＲは本来、船舶の沈没や不時着した航空機の位置を正確に捉え、迅速に救援するためのもので、米国西海岸の２ヵ所（カリフォルニア州のポイント・アリーナとポイント・サー）とハワイに１ヵ所、それぞれ水深７００メートルほどの位置に設置されていました。

来日前のディーツは、カリフォルニア州サンディエゴにある海軍電子工学研究所に勤務しており、ＳＯＦＡＲの運営に深く関わっていたのです。

海水中では、光と音は対照的なふるまいを示します。

海水は、光（可視光）をはじめとする電磁波をほとんど通しません。水の分子が、光のエネルギーをさかんに吸収してしまうからです。水深が１００～２００メートルを超えると、海の中が真っ暗になるのはそのためです。

一方、音に関しては、海水はきわめて優れた伝導体です。海中では、空気中に比べて4倍以上の速さ（毎秒約１５００メートル）で音が伝わります。明神礁のすさまじい噴火音は、太平洋の西から東まで、８０００キロメートルもの距離を約1時間40分かけて伝わっていき、ＳＯＦＡＲ

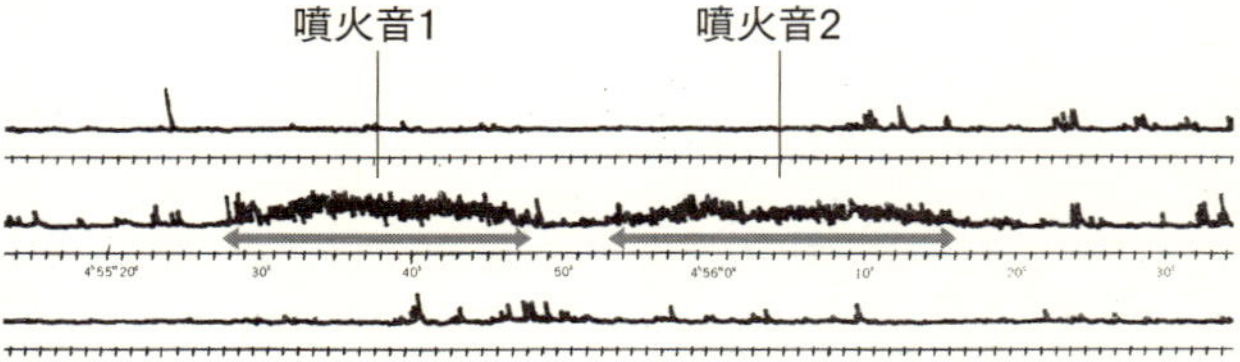

図5–5：アメリカ・カリフォルニア州のポイント・アリーナの沖合に設置されていたSOFARが捉えた、明神礁における「2つの噴火音」　日本時間で9月24日12時20分頃のもの。（須田（1954）より）

のレコーダーチャートに明確な記録を残したのです。この記録が、謎を解く決め手となりました。

図5－5は、このときディーツが持参した記録の一部です。グリニッジ時9月24日4時55分30秒から約20秒間、次いで4時55分55秒から約25秒間、大規模な噴火の音が二つ捉えられています。東京との時差と、噴火音が伝わるのに要した1時間40分を補正すると、両噴火は、9月24日の12時20分頃のことになります。

第五海洋丸の船速から考えて、ちょうど9月24日の昼頃に明神礁付近に到着したと推定されるため、SOFARが捉えた信号とタイミングがぴったり合っています。はるか太平洋の反対側に設置されていた聴音装置が、迷宮入りしかねなかった噴火事故の実在と発生時刻を特定してくれたのでした。

SOFARの記録をさらにたどってみると、これら二つの噴火音に先立つ約6時間は、噴火音のない静かな時間が続いていたこともわかります。明神礁は、つかの間の静寂にあり、海面は平穏だったのでしょう。第五海洋丸は、なるべく詳しく調査をしたいという思いから、火口の直上付近にまで踏み込んでしまい、突然の大噴火に直撃されたことが想像されます。

5-5 漁船が遭遇した10年目の〝異変〟――そして2017年に「海面の変色」が

1952年の大噴火のあとも、明神礁では断続的な火山活動が続き、島ができたり海没したりを繰り返しました。1960年の大爆発では、噴煙が2000~3000メートルの高さまで噴き上がったそうです。しかし、それを最後に海面から姿を消し、しばらくのあいだ鳴りをひそめていました。

10年が経過した1970年1月29日、明神礁付近で操業中だった漁船「第二神徳丸」が、〝異変〟を捉えました。魚群探知機（海底に向かって音波を発射し、魚群からの反射を捉える装置）にふと目をやった船長が、スクリーンに見慣れないもやもやとした影が映っていることに気づき、それが、海底から立ちのぼっていることを確認したのです。

そこは、明神礁の真上でした。ハッとして外を見ると、いつの間にか海面は濁り、温泉場の臭いが漂っています。このとき船員たちが感じた異臭は、火山ガス中に含まれる硫化水素によるものと思われます。

「いかん！　逃げろっ‼」

慌てて漁を中止し、一目散に10キロメートルほど離れたとき、突然１００メートルに達する水柱が噴き上がりました。まさしく危機一髪の事態でした。

この第二神徳丸の例を見るまでもなく、一般に、船舶による海底火山の監視はつねに危険を伴います。そこで当時の海上保安庁では、海面を離れて調査することが可能な航空機の導入を図りつつあるところでした。

早速、小型航空機（ＹＳ－11型機）が出動しました。上空からは、おびただしい数の軽石が浮かび、赤褐色に変色した海面が、延々7キロメートルにわたって続いていることが、一望のもとに確認できました。差し渡し10メートルにも及ぶ特大の軽石が、高温のために白煙を上げながら浮き沈みするようすも、超低空飛行によって間近に観察できたといいます。

迅速な行動力や視野の広さといった利点が高く評価され、これ以降、航空機は海底火山観測の主役となっていきます。当初は、目視観察と映像の撮影のみでしたが、しだいに地磁気や赤外線の測定など、さまざまな遠隔観測装置が装備されていきました。

さて明神礁は、第二神徳丸が難を逃れてからおよそ3ヵ月後の１９７０年4月23日に最後の噴火が目撃されて以後、数年おきに海面の変色が観察される程度の、比較的落ち着いた状態が続きました。その変色海域の情報も、１９８８年（昭和63年）を境にぷつりと途絶え、明神礁は平穏そのものといっていい状態が続きました。

明神礁周辺がふたたび騒がしくなったのは、２０１７年３月24日のことでした。薄い黄緑色の変色海面が、じつに29年ぶりに観測されたのです。その後も、海面の変色、あるいは火山ガスによる気泡のはじけるようすが、同年の５月、７月、８月、11月とひんぱんに見られ、ふたたび目の離せない状況が続いています。

5-6 日本の歴史上初の「火山誕生」を観測

ぼく自身も一度だけですが、海底火山の噴火に遭遇したことがあります。遭遇というのは、少し大げさかもしれません。観測船でたまたま近くに居合わせただけなのですが、それでも、緊張の続く数日間を過ごしたことを鮮明に記憶しています。

その火山とは、相模湾の西のはずれ、深さ約１００メートルの海底にある「手石海丘《ていしかいきゅう》」です（図５-６）。温泉保養地として有名な静岡県伊東市から東へわずか３・６キロメートルと、文字どおり目と鼻の先にある海底です。

「手石海丘」という名前は、ぼくが遭遇した噴火の後につけられたものです。じつは、噴火が起こるまで、ここに火山があるとは誰も知りませんでした。海底の地形も、のっぺりと平坦そのも

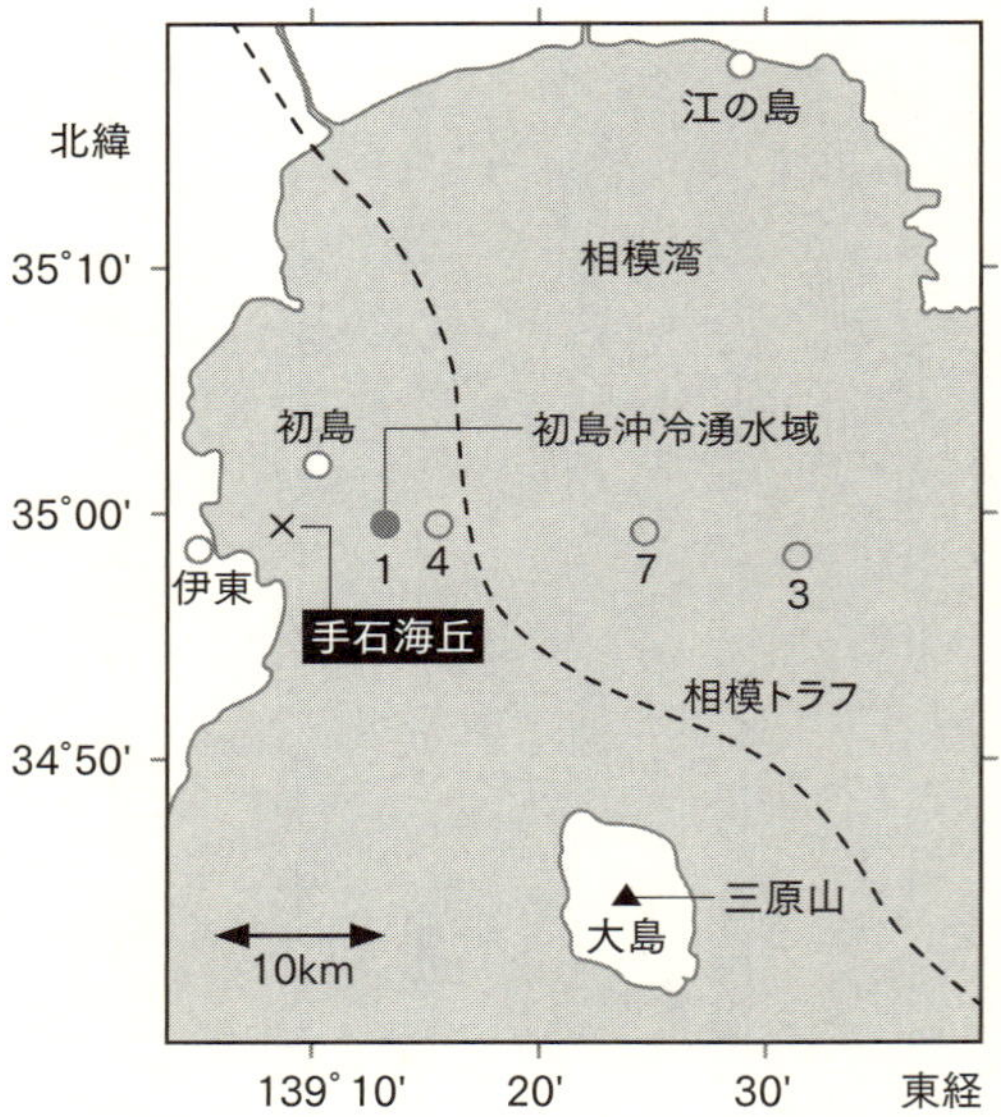

図5-6：相模湾における手石海丘の位置

のでした。

1989年の6月上旬から、伊東沖の海底では群発地震が続いており、7月11日には、それまでにない強い地震が観測されました。そこで、海上保安庁の大型測量船「拓洋」（2481トン）が緊急指令を受け、震源付近の海底に異常がないかどうか、調査を開始しました。

調査の真っ最中だった7月13日の夕刻、18時39分から同44分にかけて、手石海丘が突然、噴火します。拓洋はそのとき、水平距離にして火口からわずか数百メートルしか離れていませんでした。船底に巨大なハンマーを打ちつけるような強い衝撃が繰り返され、船体は激しい上下振動に見舞われたといいます。

噴火は計５回、小刻みに続きました。火口直上の海面は泡立ち、盛り上がり、真っ白い水蒸気とともに、高さ１００メートル以上に達する灰黒色の噴煙が断続的に立ち上りました。図５‐７は、拓洋から撮影された海面の噴煙です。

図5-7：1989年７月13日18時41分に発生した手石海丘の噴火　5回のうち4回目。海面から噴煙の頂点までは約100m（海上保安庁の測量船「拓洋」が、約2km離れた海上から撮影。海上保安庁のウェブサイトより）

じつはこれが、日本の歴史上初めて、新しい火山の誕生が目撃された瞬間でした。

拓洋は、じつにきわどいタイミングで、この海底火山の直撃を免れました。急ぎ転舵してその場から避難しますが、このとき、多くの乗組員たちの脳裏を、「明神礁」と「第五海洋丸」という言葉が駆け抜けたそうです。

5-7　火口からわずか8キロメートルの船上で

そのとき、ぼくは10名の研究仲間とともに、東京大学海洋研究所の「淡青丸」（４８０トン）に乗船し、図５‐６上の測点「１」にいました。

伊東沖の群発地震が、このあたりの海底（深さ約1000メートル）にある湧水活動に影響していないかどうかを調べていたのです。湧水活動とは、温泉というほどではないものの、海水より2～3℃温度の高い地下水の湧き出しです。それまでの調査で、この周辺に活発な湧水活動のあることがわかっていました。初島沖冷湧水域とよばれる海域です。

噴火までおよそ40分に迫っているとは夢にも知らぬ7月13日の18時頃、淡青丸はこの観測点に到着し、いつものように水温・塩分・水深センサー（CTDセンサー）付き採水装置をケーブルワイヤーに取りつけて、海底直上まで降下させました。そして、ゆっくりと船を移動させ、実験室のモニター画面に表示される水温・塩分値に異常が出るかどうか、凝視し始めたところでした。

もしもこのとき、デッキに出ていたなら、噴火が遠望できたのかもしれません。しかし、まさか海底火山が噴火するなどとは考えもせず、また、特に船体に衝撃を感じることもなかったので、ぼくらは研究室内で、データの取得作業に熱中していました。

いきなり研究室のドアが荒々しく開かれ、当直の航海士さんが飛び込んできました。

「観測をすぐに中止してください！　火山が噴火したようです！」

「えっ、噴火……!?」

とっさには事情が飲み込めませんでしたが、急《せ》かされるままに観測装置を巻き上げると、淡青丸は全速力でその場を離れ、相模湾の反対側にある江の島の近くまで避難しました。

「いったい何が起こったんだ……？　あのあたりに火山などないはずだが……」

不審に思いながら食堂のテレビをつけてみると、あちこちのチャンネルから、伊東沖で火山が噴火したというニュースが、拓洋の撮影した写真（図5－7）とともに流れてきました。夢から現実に引き戻される思いでした。図5－6からわかるように、この噴火のとき、淡青丸は海底火山から東方へ約8キロメートル離れた地点にいたのです。

幸い、噴火はそのときだけで終息しました。翌々日の7月15日から、安全を十分に確認しつつ、観測点「1」付近に戻って調査を再開したのですが、海底火山の周辺には、漁船などが近づかないよう、10隻以上の自衛艦や巡視船が厳重な警戒に当たっているのが見えました。

「ああ、あそこに『はるゆき』（自衛艦）がいますね」

双眼鏡を覗きながら、当直の航海士さんがこう口にしたのをいまも覚えています。ヘリコプターが時折、バリバリと音を立てて頭上を旋回していました。

5-8 無人測量艇「マンボウ」による現地観測

火山の研究者は、新しい事実を見出すために、可能なかぎり火山本体に近づいて詳しく調べたいと考えます。しかし、ほんの一瞬のうちに洋上の船舶を粉砕する威力を秘めた海底火山の観測は、万一の際には人命に関わるため、たとえ海面になんの異常もないときでも、決して油断することはできません。

そこで、人の代わりをしてくれる無人探査艇の開発が鋭意、進められてきました。

1980年代末に、海上保安庁水路部（現・海洋情報部）は、測量船「昭洋」を母船とする自航式ブイ「マンボウ」を導入しました（図5－8）。マンボウは全長10メートル、コンピュータ制御による無人艇で、自分の位置をGPSによって認識しながら、あらかじめ入力されたコースに沿って自動航走し、音響測深などさまざまな観測を行うことができます。

図5-8：海上保安庁の自航式ブイ「マンボウ」（小坂丈予（1991）より）

「マンボウ」と、その後継機「マンボウⅡ」は、明神礁や手石海丘のように、人が近づくことのできない海底火山の上を走り回り、詳細な海底地形図の作成に大活躍しました。151ページ図5－2の海底地形図も、マンボウが作成したものです。

手石海丘でも、噴火後すぐにマンボウが投入されました。そして、平坦な海底面に、ぽっかりと円形の火口が口をあけていること、火口の直径が約200メートルあり、その火口縁は深さ81メートルまで盛り上がっていること、さらには、火口底の最大深度は122メートルであることなどが明らかにされました。

しかし、火口は海面からは直接、見ることができません。火山活動がまだ続いているのか、海底温泉はあるのかといった、表面からの観測だけではわからないことがたくさんあります。とはいえ有人潜水船で行くのは危険です。再噴火したらたいへんなことになるからです。「海中をスイスイと泳いで、海底火山すれすれまで接近できる無人探査機があればなあ」という要望が、研究者たちのあいだで自然と高まっていきました。

この要望は、思いがけないところから叶えられていきます。東京大学生産技術研究所の浦環《うらたまき》教授とそのグループによって、新しい海中探査機「自律型海中ロボット」の開発が進められていたのです。

5-9　海中ロボット「アールワン」による潜航調査

自律型海中ロボットは、「ＡＵＶ（Autonomous Underwater Vehicle）」ともよばれ、高度な人工知能を備えた無人の潜水機です。図５-９に示すように、外見は魚雷に似ています。

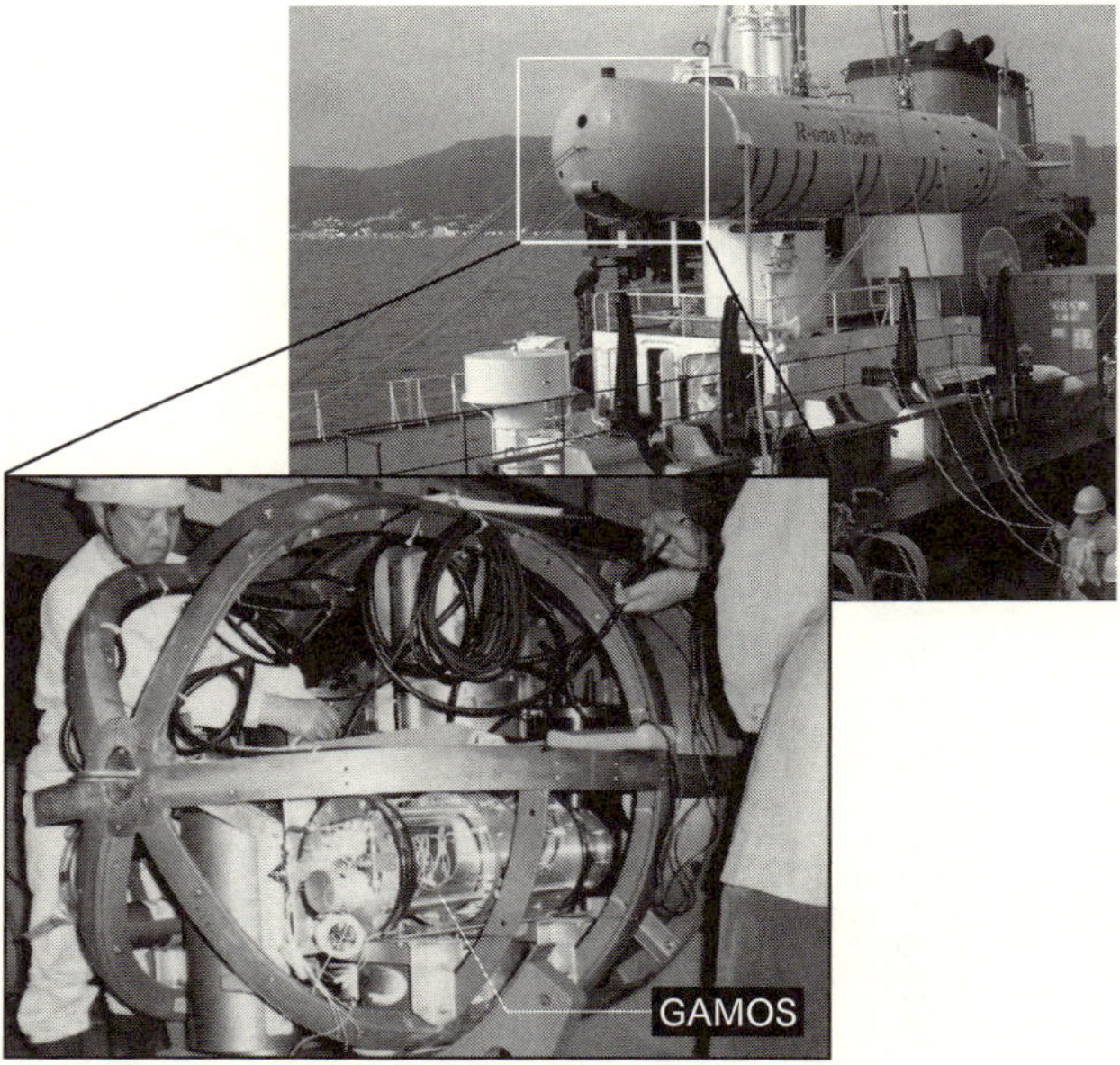

図5−9：海洋調査船「かいよう」から海面に降ろされる自律型海中ロボット（AUV）「アールワン」（2000年、筆者撮影）　左下の写真（筆者撮影）は、アールワン先端の内部スペースに、自動マンガン分析装置「GAMOS」が搭載されたようす。

母船との有線接続はいっさい不要で、事前に入力したコースに沿って海中を進み、最後は自ら母船に帰ってきます。潜航中にときどき浮上して、GPSによる正確な位置を確認します。

前方に向かってたえず音波を発射しているので、予期しない障害物に直面しても、それを察知して迂回することができ、その後は元のコースに戻って観測を続けてくれる優れものです。

浦教授は、三井造船株式会社と共同で、全長約８メートル、直径約１メートルのＡＵＶ（図５−９）を１９９６年に完成させ、「R-one（アールワン）」と名付けました。

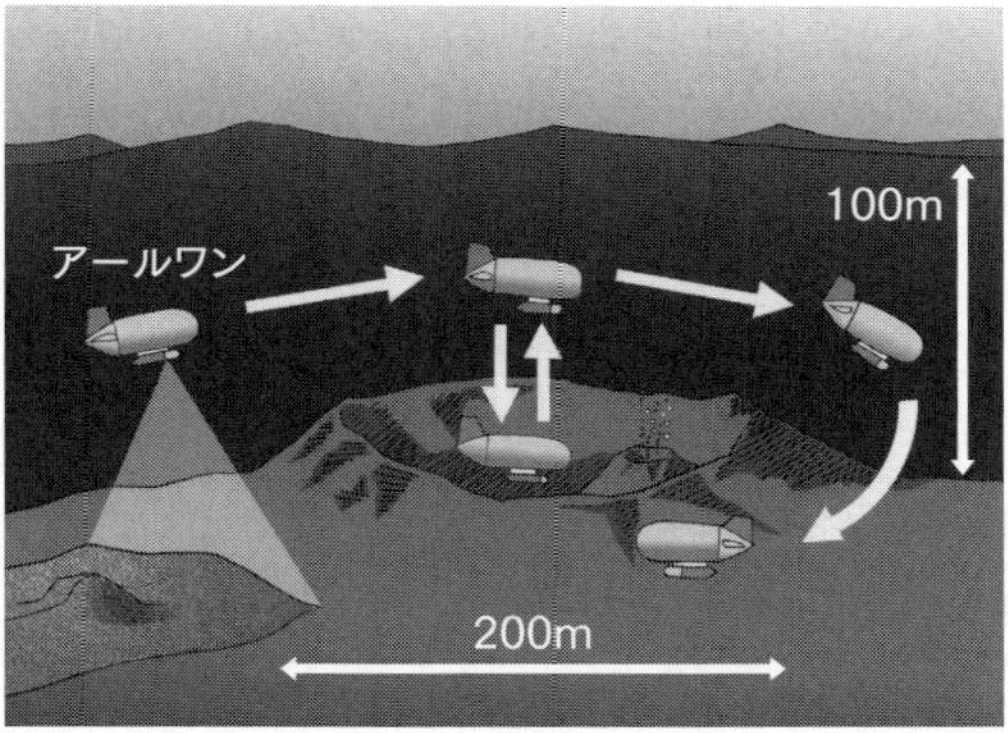

図5−10：手石海丘の直上を泳ぎ回るアールワンのイメージ図（浦ほか(2001)より）

「R-one」の「R」はRidge、すなわち中央海嶺の略で、「one」は1号機であることを意味しています。「中央海嶺探査ロボット1号機」というわけです。深さ４００メートルまで潜る能力があり、閉鎖式ディーゼルエンジンによって、３ノットの速度で最大16時間潜航できます。

そしてアールワンには、海底に向けて扇形に音波を発射し、その反射強度から海底の形状を読みとる「サイドスキャンソナー」や、海水の温度・塩分を計測する「ＣＴＤ装置」などが取りつけられ、ロボットとしての性能はみるみる向上していきました。

２０００年10月、アールワンは、ＪＡＭＳＴＥＣの調査船「かいよう」に搭載され、手石海丘の潜航調査に臨みました。

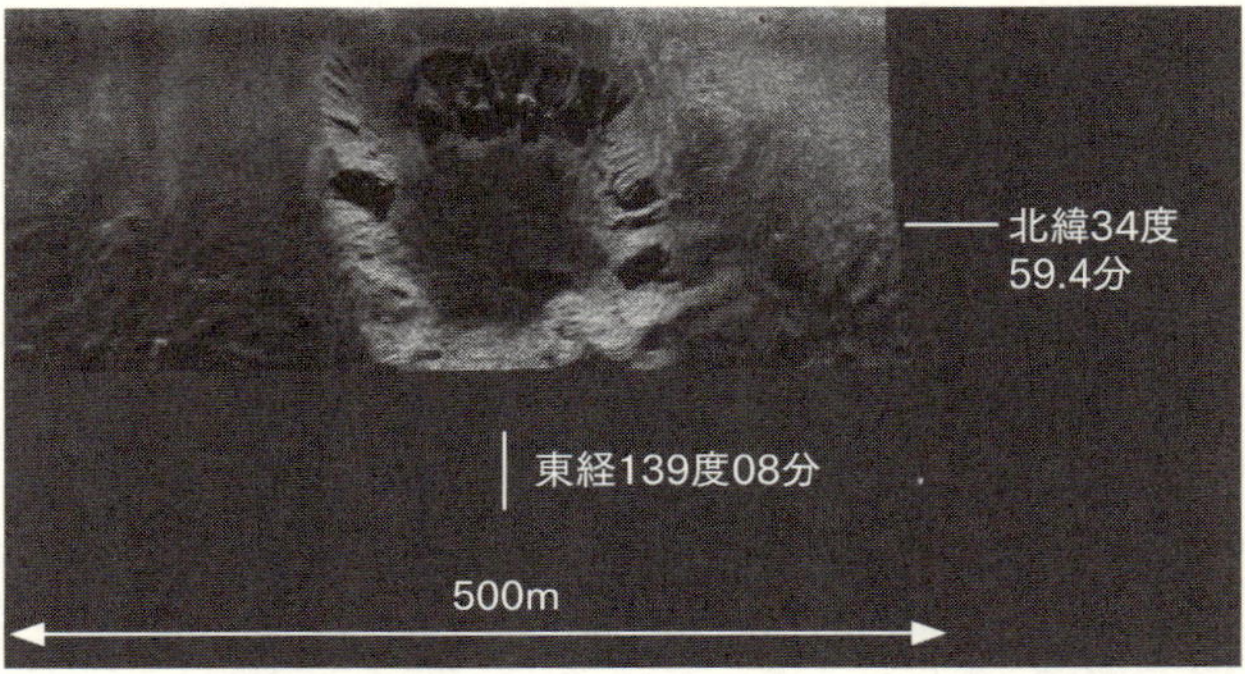

図5−11：手石海丘のサイドスキャンソナー画像の一例（浦ほか(2001)より）

「かいよう」から海面に降ろされたアールワンは、迷うことなく手石海丘に向かって潜航し、水深約100メートルの火口の真上や周囲を、何度も往復しました。図5−10は、そのイメージ図です。搭載されたサイドスキャンソナーが、手石海丘の火口の素顔を、きわめて鮮明に捉えました（図5−11）。

あの突然の海底噴火から、すでに11年以上が経過していました。果たして火口付近に、まだ火の気は残っていたでしょうか？

5-10 手石海丘の〝異常〟を捉えよ

このとき、「かいよう」に同乗していたぼくは、アールワンの先端内部に、ある化学分析装置を取りつけてもらいました（図5−9左下参照）。それは、「GAMOS《ガモス》」という愛称で知られる、自動マンガン分析装置です。

ＧＡＭＯＳと聞くと、誰もがぼくの名前（蒲生）を連想しますが、残念ながら（？）そうではなく、「Geochemical Anomaly Monitoring System（地球化学的異常探査装置）」の略称です。東京大学海洋研究所のぼくの研究室で１９９９年に博士号を取得した岡村慶（現・高知大学教授）が、心血を注いで開発した海中化学分析装置です。

ＧＡＭＯＳは、アールワンの先端から自動的に海水を吸い込みます。そして試薬を加え、マンガン（Mn）の濃度に応じてルミノールが発する化学発光を利用して、高い感度でマンガンを分析することができます。

マグマの熱によって加熱された海水（熱水）は、海底下で火山岩と接触して、マンガンを溶かし出すことが知られています（２‐７節参照）。もし、手石海丘にまだ火の気があり、熱水が海底から滲み出しているのであれば、アールワンがその近くを通過したときに、マンガンの濃度異常を捉えられるかもしれないと考えたのです。

予感は的中しました。

図５‐12に、結果を示します。いちばん上の図は、手石海丘付近の海底地形図の上に、アールワンの潜航ルートを重ねたものです。図の左上にある「ＷＰ１」と示された調査ポイントから、アールワンは潜航を開始して東へ向かい、ＷＰ４の少し先でＵターンしてこんどは西向きに進み、手石海丘のカルデラ縁の北側をかすめました。その後は再度、東へと向きを変え、ＷＰ７か

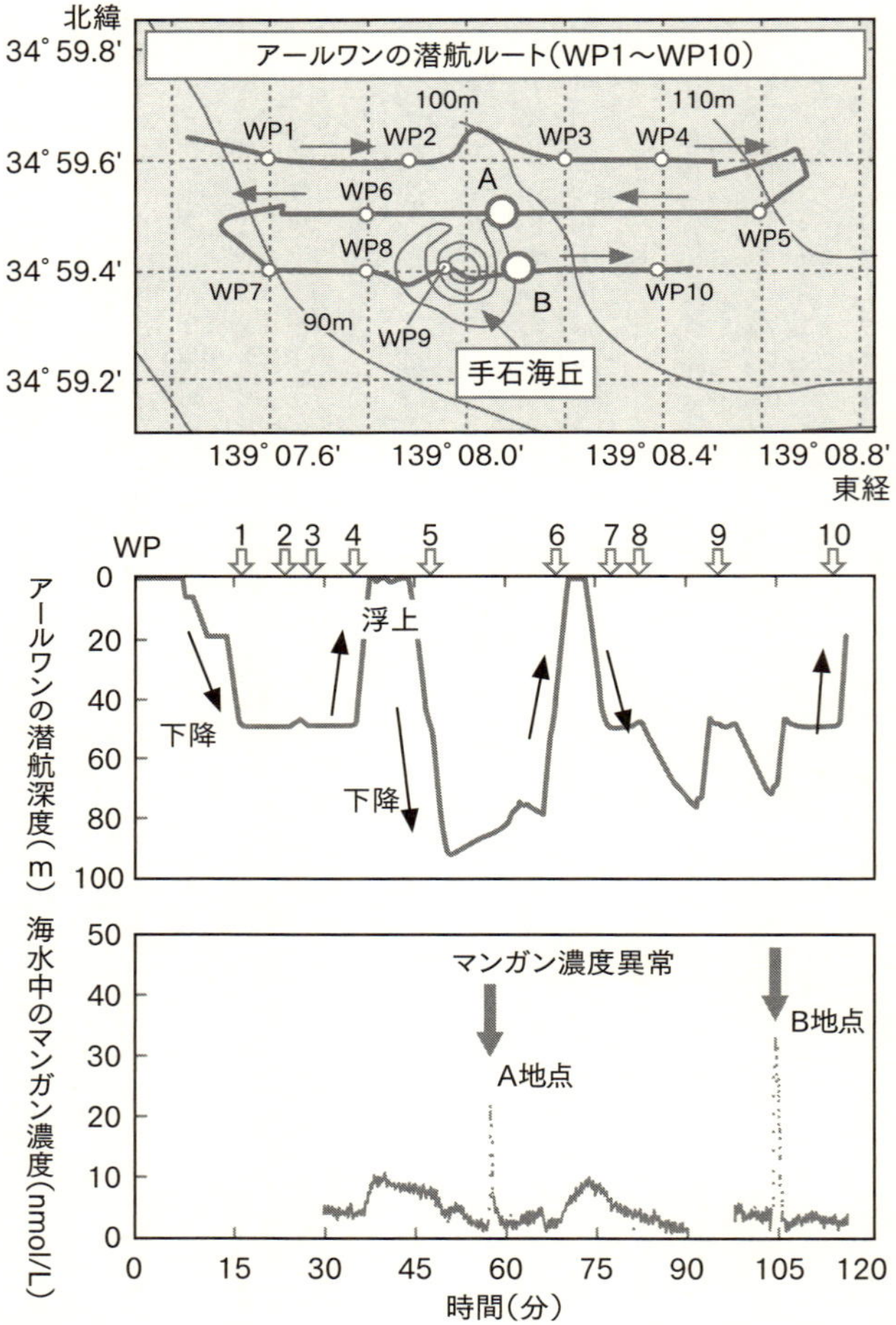

図5−12：手石海丘付近のアールワン潜航コースと、アールワン搭載の自動マンガン分析装置「GAMOS」が現場計測した海水中のマンガン濃度（Doi *et al.*（2008）を改変）

らＷＰ10まで進むあいだに、手石海丘のほぼ真上を通過しました。

図５－12の真ん中の図は、アールワンの潜航深度を示しています。アールワンは、自身の位置をＧＰＳによって正確に知るために、ときどき海面に浮上しなければなりません。ＷＰ４とＷＰ５とのあいだ、およびＷＰ６とＷＰ７とのあいだの都合２回、浮上しているのはそのためです。

図５－12のいちばん下に、ＧＡＭＯＳによるマンガンの分析結果を示しました。マンガン濃度異常のピークがＡとＢの２ヵ所で、はっきりと検出されました。これらはいずれも、いちばん上の図からわかるように、手石海丘の東側の火口縁の上をアールワンが通過したときのものです。マンガン濃度の高い熱水の滲み出し、すなわち、11年前の海底噴火の残り火の上を、アールワンがうまく通過したものと考えられます。

海底火山を長期にわたって観測し続けることは、その火山の特徴を明らかにし、次の噴火に備える意味でも、たいへん重要です。手石海丘では、この調査からさらに12年後の２０１２年７月、静岡大学客員教授の野津憲治（東京大学名誉教授）のグループが、火口内の海底直上の水を採取し、火山ガス由来と見られるメタンガスを検出しました。

火山活動は現在もなお、続いているのです。

＊

第２部では、太平洋の海底地形を特徴づける「出っぱり」、すなわち海底の山々について、ハワイから日本近海に目を移しながら詳しく見てきました。海山群の誕生から終焉までをつぶさに追い続けることで、プレートテクトニクスの考えが生まれ、地球深部で起きている現象への理解が進みつつあることを確認する一方、ときに大規模な噴火を引き起こす火山活動が、文字どおりの水面下でダイナミックに営まれていることを知りました。

そして、ひとたび噴火が起これば、取り返しのつかない甚大な被害が生じうることを、日本の海洋研究に携わるぼくたちは、明神礁の悲劇を通して嫌というほど思い知らされています。

以下に続く最終第3部では、読者のみなさんを太平洋のもう一つの海底地形の特徴である「へこみ」、すなわち海溝へとご案内することにしましょう。海洋の最深部である1万メートル超の裂け目の底には、いったいどんな世界が待ち受けているのでしょうか?

第3部

超深海の科学
——「地球最後のフロンティア」に挑む

©iStock.com/inusuke

第6章 超深海に挑んだ冒険者たち

——1万メートル超の海底を目指して

ヒトという生き物は、好奇心の塊です。好奇心は、「知りたい」「見てみたい」という初発的な動機から、ときに想像を絶するような大いなる行動力を生み出します。

そうして生まれた行動力は、人類を、自らの足だけでは到達できない世界にまで導いてきました。空や宇宙は、その典型でしょう。

そして本書のテーマである太平洋もまた、そのような好奇心によって、少しずつそのベールが剝《は》がされてきました。前章までに紹介してきたように、マゼランやクックによる冒険航海、そして戦禍をかいくぐって、のちに天皇海山群とよばれることになる海底火山を調査した陽光丸の活躍などが、この大海洋の知られざる姿を明らかにしてきたのです。

しかし、太平洋の全貌は、いまだ人類の知るところとはなっていません。第2部で紹介した出っぱり＝海山がそうであったように、本章で探訪するへこみ＝海溝にもまた、未知なる世界が目白押しです。

本書の締めくくりとなる第3部では、最深部が1万メートルを超える「超深海」へと、潜航してみることにしましょう。そこには、地球最後のフロンティアがぼくたちを待ち構えています。

6-1　はじまりはロープを垂らすことから

人類は、丸太をくり抜いてつくった刳《えぐ》り舟や、木材や竹、草の茎などを束ねた筏《いかだ》から始めて、しだいに造船技術や操船技術を進歩させてきました。これらの技術向上を背景に、海は大勢の人間や物資を移動させる〝交通の場〟としての重要性を増していきます。

船が大型化するにつれ、その進路にあたる海底の地形、すなわち、浅いのか深いのか、が重大な関心事となりました。浅すぎる海に大型の船が突っ込めば、船底が海底をこすって座礁・大破し、最悪の場合は沈没してしまうおそれがあるからです。

そのような実際的な理由とは別に、目には見えない海底の地形がどのようなものであるのかは、人類の本能的な知的好奇心をくすぐる対象でもありました。

図6-1：16～19世紀の大型帆船「ガレオン船」から測深索を降ろしている想像図（Antoine Léon Morel-Fatio (1810-1871)による）

しかし、いまからほんの100年ほど前まで、海底までの深さを知るには、きわめて原始的な、ギリシャ・ローマ時代にまで遡《さかのぼ》る「錘測《すいそく》」という方法に頼るしかありませんでした（「鋼索測深《こうさく》」ともよぶ）。錘測とは、おもりをつけた細いロープ（測深索）を船べりから海中へ垂らし、おもりが海底面に到達したことを察知して、繰り出した測深索の長さから水深を求める方法です（図6－1）。

測深索には従来、麻や木綿、あるいは鋼鉄の針金を撚《よ》り合わせたものなどが使われていたようですが、19世紀後半には、細くて丈夫なピアノ線もよく用いられるようになりました。ピアノ線には、あらかじめ目盛りを振っておきます。回転数を積算できるローターと組み合わせることによって、測深索の繰り出し長さが自動的にわかる改良型も現れました。

原理はきわめてかんたんですが、現実にはうまくいかないことも多かったようです。まず、海流や船の動きによって測深索が弓なりに曲がってしまったら、正確な深度は得られません。また、水深が深くなるほど、着底したかどうかの確認が難しくなります。いかな熟練者でも6000メートルくらいが限度だったといわれています。

太平洋において、最初に深海測深を行ったのは、42ページのコラム1で紹介したマゼランといわれています。南太平洋のツアモツ諸島・セントポール島近海でのこと、マゼランは通常の測深索を3本つなぎ、全長約700メートルにして海中に降ろしました。それでも海底には届かず、マゼランは「世界最深点を見つけたぞ！」と大喜びしたそうです（現在では、この場所の水深は約5000メートルであることが判明しています）。

19世紀後半になると、通信用の海底電線を遠距離にわたって敷設することになり、詳細な海底地形データの要望が高まりました。これが錘測技術の改良を促し、時間はかかるものの、かなり正確に水深が測れるようになりました。

たとえば、張力の変化をより明確に捉えるため、着底とともにロープ先端の重錘が外れるようにしたり、着底と同時に海底堆積物が採取されるしくみにしたりするなど、着底の確認のためにさまざまな工夫が凝らされました。

それにしても、揺れる船の上から、深さ6000メートルの深海底までロープを繰り出して1回の錘測を行うのに数時間はかかります。重労働ではありませんが、いつ着底するかわからないので、神経が疲れそうです。信頼性の高い測定結果を得るために、2回、3回と、計測を繰り返す必要もあったことでしょう。短気な人間には、なかなか務まりそうにありません。

6-2 音波を使って深さを測る

5-4節で述べたように、海水は音をよく通します。水中は、空気中に比べて4倍の速さ（約1500メートル／秒）で音が伝わる世界です。

音波を海底に向けて発射し、測深に利用するのが「音測（音響測深）」法です。19世紀初頭から20世紀にかけて技術開発が続けられ、第一次世界大戦（1914〜1918年）の終了後すぐに、アメリカやドイツが音響測深の実用化に成功しました。わが国においても、1920年代後半に測量艦への装置の取りつけが始まり、錘測と並行して用いられるようになっていきます。

音測の原理は、きわめてかんたんです（図6-2）。

船底から海底に向けて音波を発射し、海底で反射して戻ってきた音波を船底の受信器（ハイドロフォン）で聞くのです。発射から受信までにかかった時間を正確に測定します。受信された音波は、水深の2倍の距離を進んだのですから、もし4秒後に戻ってきたのなら、1500×4／2＝3000（メートル）と、たちどころに水深が求まります。

厳密には、音速は水温や塩分、および水圧によってわずかに変化します。したがって、正確な水深値を得るためには、同じ場所で水温や塩分の深度分布を正確に求め、深さに対する音速の変化を補正しなければなりません。

また、海溝底のように最深部に柔らかい堆積物があり、それより遠方の側壁に硬い岩石が露出しているような場合には、誤って実際よりも深い水深値を得てしまうことがあります。柔らかい堆積物からの反射音が微弱なのに対し、硬い岩石からは強い反射音が戻ってくるために、遠方からの反射音にもかかわらず、直下から来たものと誤認してしまうことが原因です。

使用上の注意点はさまざまあるにせよ、音響測深機が実用化されたことによって、従来の錘測では何時間もかかっていた水深の計測が、わずか数秒で行えるようになりました。

第4章で述べた陽光丸が、天皇海山群の地形を詳しく調べることができ

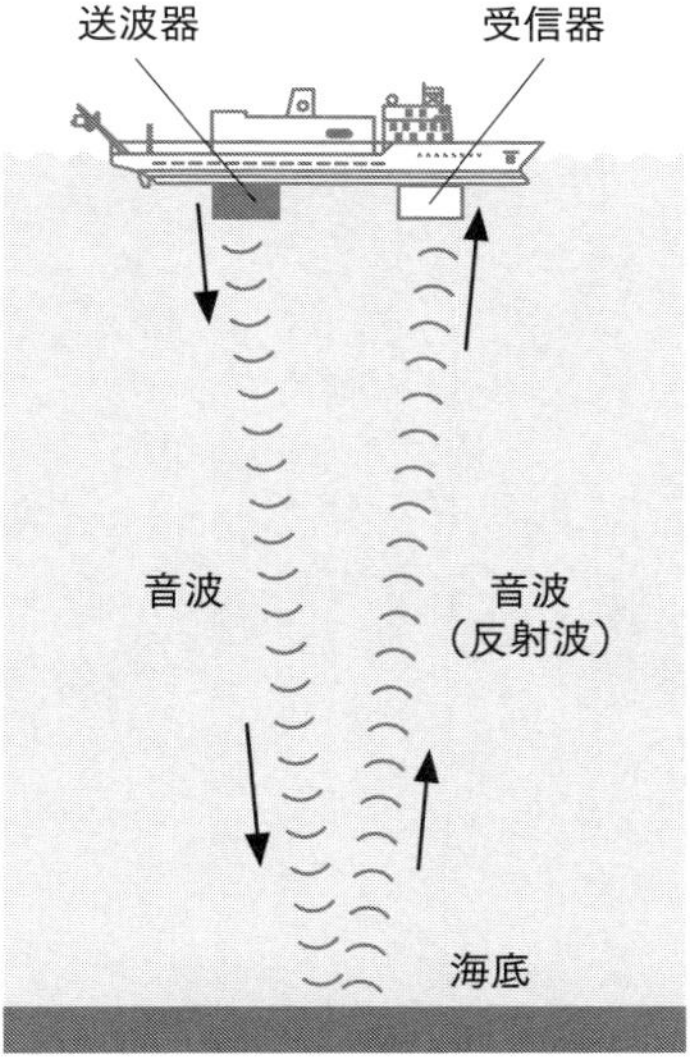

図6-2：音波による水深計測（音測）の原理

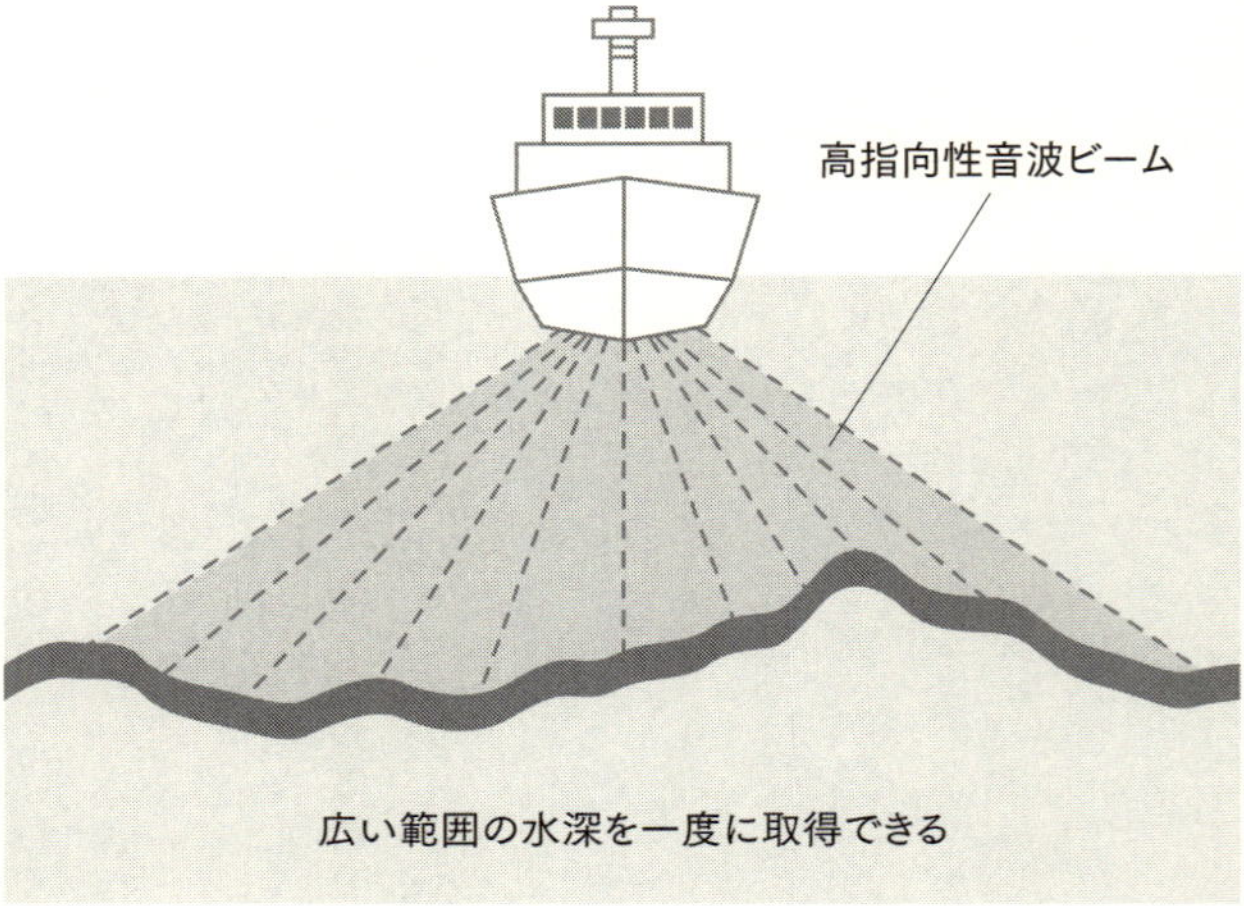

図6-3：マルチナロービーム音響測深の原理（海上保安庁のウェブサイトより）

たのも、当時としては最新鋭の音響測深機を装備していたからです。

音波による測深技術は近年、格段に進化しています。その極めつきが「マルチナロービーム音響測深」で、周波数を少しずつ変えた10〜20本の音波を、船の進行方向と直角の方向に扇形に発射するものです（図6－3）。船の真下だけでなく、その両側の海底地形が同時に観測できるため、短時間のうちに広い海域の海底地形図を描くことが可能です。

船の位置決めも、かつての天測航法（太陽などの恒星の位置を観測して、船の位置を決める方法）から、第二次世界大戦後になると陸上基地の電波を用いる方法、さらには人工衛星を用いる方法へと進化し、現在のGPSにいたって、精度が著しく向上しています。

これら技術革新の結果、海底地形図はますます精緻なものとなり、深海底には、以前には想像もしなかった山や谷が、複雑に混在していることがわかってきました。

6-3 世界最深値を競え！——海溝の深さ比べ

いまでこそ、太平洋の西側にいくつもの海溝が細長く伸びていることは周知の事実ですが（47ページ図2-1参照）、19世紀中頃の人々にとってはまだ、雲を掴むような話に過ぎませんでした。太平洋全体の面積に比べ、深さ6000メートルを超えるような海溝域の面積はせいぜい1パーセントか、それ以下です。つまり、1000回の錘測をしてやっと1回、海溝に当たるか当たらないかの確率ですから、なかなか見つからなかったのも無理のない話でした。

それでも、測深データの数が増えていくにつれ、どうやら西太平洋のところどころに、格段に深い海があるらしいという認識が広まっていきました。「世界でいちばん深い海はどこだろう?」というきわめて素朴な疑問に関心が集まり、各国が観測にしのぎを削る時代が到来します。

表6-1は、19世紀後半から20世紀半ば頃にかけて、西太平洋のいくつかの海溝において繰り広げられた、深さ比べの歴史を振り返ったものです。

年	海域	水深(m)	測定法	船名(国籍)
1874	千島・ カムチャツカ海溝	8514	錘測	タスカロラ(米)
1875	マリアナ海溝	8184	錘測	チャレンジャー(英)
1895	ケルマデック 海溝	9427	錘測	ペンギン(英)
1899	マリアナ海溝	9636	錘測	ネロ(米)
1899	トンガ海溝	7632	錘測	アルバトロス(米)
1900	マリアナ海溝	8802	錘測	アルバトロス(米)
1912	フィリピン海溝	9788	錘測	プラネット(独)
1925	マリアナ海溝	9814	錘測	満州(日)
1927	フィリピン海溝	10400	音測	エムデン(独)
1929- 1930	フィリピン海溝	10068	錘測	スネリウス(蘭)
1929- 1930	フィリピン海溝	10130	音測	スネリウス(蘭)
1945	フィリピン海溝	10497	音測	ケープジョンソン(米)
1951	マリアナ海溝	10863	音測	チャレンジャー8世(英)
1951	フィリピン海溝	10540	音測	ガラテア(デンマーク)
1954	トンガ海溝	10633	音測	ホライゾン(米)
1957	マリアナ海溝	11034	音測	ビチャーシ(ソ連)
1959	マリアナ海溝	10850	音測	ストレンジャー(米)
1960	マリアナ海溝	10913	潜水船	トリエステ(米)

表6-1：西太平洋の海溝で得られた最大水深値の変遷(1874〜1960年)

１８７４年に、アメリカの「タスカロラ号」が先陣を切り、ウルップ島南東沖の千島・カムチャツカ海溝において、測深索にピアノ線を用いた方法によって８５１４メートルという深みを発見しました。

その直後の１８７５年には、世界一周の研究航海で有名な英国の「チャレンジャー号」が、マリアナ海溝で深度８１８４メートルを記録します。この大深度に観測チームはみなびっくりし、もう一度、測り直して確認したといいます。航海中の彼らは、タスカロラ号の記録を知らなかったので、「世界最深点を発見した！」と沸き立ちますが、残念ながら世界2位だったことが後でわかりました。

１８９５年には英国の「ペンギン号」が、南太平洋のケルマデック海溝で９４２７メートルという21年ぶりの世界最深値を得ます。しかし、そのわずか4年後に、米国海軍の「ネロ号」がマリアナ海溝で測定した９６３６メートルに抜かれてしまいました。

アメリカは１８９８年の米西戦争に勝ち、フィリピンを領有するにあたって、フィリピンとアメリカとのあいだに通信用の海底電線を敷設することになりました。そのため詳しい海底の地形データが必要となり、測量航海をさかんに実施したのです。上記のネロ号の測量は、その一環でした。

世紀があらたまった１９１２年、ドイツの測量艦「プラネット号」が、フィリピン海溝で９７

88メートルという世界最深記録を出しました。そして、日本でも1925年、帝国海軍の測量艦「満州」が、マリアナ海溝で世界最深の9814メートルを観測し、「満州海淵」と命名しました。海淵（英語ではDeep）とは、海溝の内部の、特に深い凹地のことです。

この頃から音測が本格的に用いられるようになり、錘測はしだいに廃《すた》れていきます。

1927年、音測によってフィリピン海溝を本格的に測量したドイツ軍艦「エムデン号」は、ミンダナオ島の東方海域で1万793メートルという、人類史上初めて1万メートルの大台を超える水深値を得ました。次いでオランダの「スネリウス号」が、やはり音測を用いて、同一地点で1万830メートルを記録します。これらの水深値はその後、それぞれ1万400メートルおよび1万130メートルに下方修正されますが、いずれにしても、1万メートルを超える海底が存在することがはっきりしました。

太平洋戦争終了まぎわの1945年7月、米国の軍艦「ケープジョンソン号」が、レイテ島東方沖のフィリピン海溝で1万497メートルを記録し、世界最深値を更新しました。しかしこの記録も、わずか6年後に、次節で紹介するマリアナ海溝の記録に破られてしまうのです。

6-4 チャレンジャー海淵の発見

マリアナ海溝では、満州海淵の9814メートルという値が、1925年以降のほぼ四半世紀にわたって最深値とされ、国際的な海図にも記載されていました。この記録を破ったのが、英国の「チャレンジャー8世号」でした。

チャレンジャー8世号は1950年から1952年にかけて、世界一周観測航海を実施しました。19世紀に行われた初代チャレンジャー号に続くものという意味で、「第二次チャレンジャー航海」ともよばれています。

チャレンジャー8世号は、大西洋を調査したあとパナマ運河を抜け、太平洋での観測を進めます。その途中、1951年1～2月にかけて、燃料や食糧の補給のため、横須賀に寄港しました。日本側では大いに歓迎し、すき焼きパーティーやかくし芸大会を行ってもてなし、英国側にたいへん好評を博したとのことです。船内の見学も実施され、最新鋭の観測機器類に日本の海洋科学者たちは大いに触発されたと、当時の水路部長・須田晥次が書き残しています。

さて、横須賀を出航したチャレンジャー8世号は、西太平洋で観測を続け、マリアナ海溝に到達します。そして1951年6月14日、マリアナ海溝の北緯11度21分、東経142度15分において、1万863メートルという世界最大の水深値を音測によって観測したのです。

チャレンジャー8世号の観測チームは、慎重を期して、同じ場所でピアノ線による古典的な錘測も行い、この水深値に間違いのないことを確認します。船名をとって、この場所を「チャレン

年	深度（m）	緯度（北緯）	経度（東経）	測定法	船名（国）
1875	8184	11° 24'	143° 16'	錘測	チャレンジャー（英）
1925	9814	11° 14'	142° 10'	錘測	満州（日）
1951	10863	11° 21'	142° 15'	音測	チャレンジャー 8世（英）
1957	11034	11° 21'	142° 12'	音測	ビチャーシ（ソ連）
1959	10850	11° 20'	142° 12'	音測	ストレンジャー（米）
1960	10913	11° 19'	142° 15'	潜水船	トリエステ（米）
1962	10915	11° 20'	142° 12'	音測	スペンサー・ベアード（米）
1976	10933	11° 20'	142° 10'	音測	トーマス・ワシントン（米）
1980	10915	11° 20'	142° 12'	音測	トーマス・ワシントン（米）
1984	10924	11° 22'	142° 36'	音測	拓洋（日）
1992	10933	11° 22'	142° 36'	音測	白鳳丸（日）
1992	10989	11° 23'	142° 35'	音測	白鳳丸（日）
1995	10911	11° 22'	142° 36'	潜水船	かいこう（日）
1996	10898	11° 22'	142° 26'	潜水船	かいこう（日）
1998	10907	11° 23'	142° 12'	潜水船	かいこう（日）
1998	10938	11° 20'	142° 13'	音測	かいれい（日）
1999	10920	11° 22'	142° 36'	音測	かいれい（日）
2009	10902	11° 22'	142° 35'	潜水船	ネレウス（米）
2010	10984	11° 20'	142° 12'	音測	サムナー（米）
2010	10951	11° 22'	142° 35'	音測	サムナー（米）

表6－2：マリアナ海溝チャレンジャー海淵における測深の歴史

ジャー海淵」とよぶことになりました。

　チャレンジャー海淵ではその後、さまざまな観測船や潜水船による測定が繰り返されます（表6－2）。そのつど1万850メートル以上の値が得られており、ここが世界最深海域であることは、まず間違いないでしょう。

　GEBCO指導委員会（73ページのコラム2参照）では1992〜1993年、それまでにチャレンジャー海淵で測定されてきた水深値を一つひとつ検討し、1980年の米国「トーマ

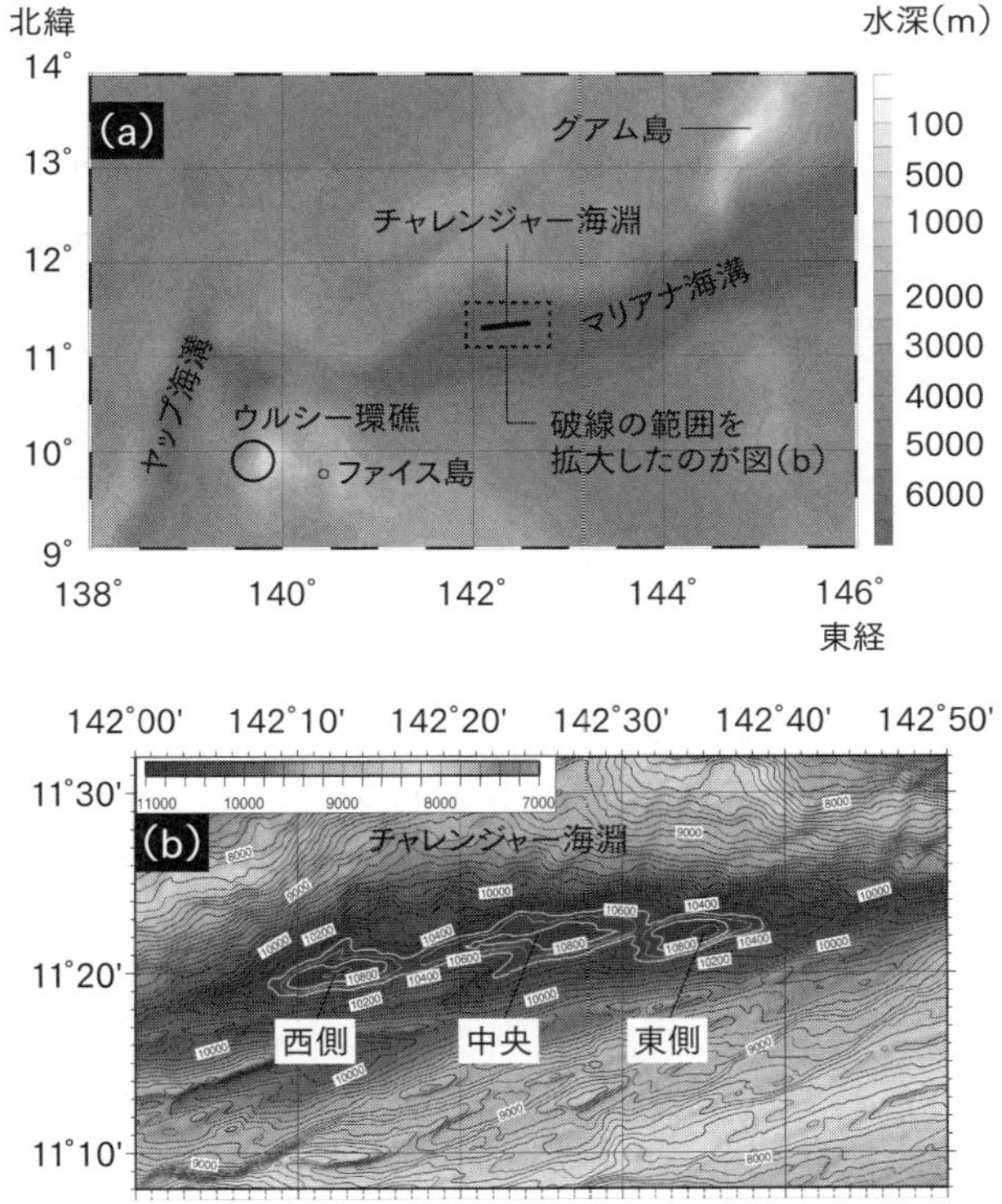

図6-4：チャレンジャー海淵周辺の海底地形図(a)と、その拡大図(b)
(Nakanishi and Hashimoto (2011)の図に加筆)

ス・ワシントン号」によるデータと、1984年の日本の「拓洋」によるデータの信頼性が特に高いとして、水深値1万920±10(メートル)を公式に採用しました。

しかし、これを上回る値がその後にいくつか公表されており、今後どう推移していくか気になるところです。また、チャレンジャー海淵は東西方向に細長く伸びた溝で、詳細な地形図によれば、東側・中央・西側と、三つの凹みに分かれています(図6-4(b))。最近の報告(Gardner *et al.*, 2014)では、西側の凹みが最も深く、1万984メートルという値が報告されています。

意外に思われるかもしれませんが、正確な世界最深値はいまだ確定されておらず、もう少し時間がかかりそうです。

6-5 深海に挑んだ冒険者たち①——潜水球を用いたウィリアム・ビービの場合

深海底の深さや地形に関する知見が次々と更新されていくなかで、いったい深海とはどのような世界なのか、どんな生物がそこにいるのか、という素朴な興味がふくれあがっていくのは自然の成り行きでしょう。研究者自らが深海に潜って観察したい、というわけです。

しかし、当然のことながら、人類は水中では生存できません。そもそも呼吸ができないし、素潜りやスキューバダイビングで行けるような浅い海ならともかく、深海の水圧には身体がとうてい耐えられません。

海中では、深さ10メートルごとに1気圧ずつ、水圧が増えていきます。１００メートルで10気圧、２０００メートルで２００気圧です。２００気圧とは、面積1平方センチメートルに体重２００キログラムの巨漢力士が乗ることと一緒です。親指の上ほどの範囲にお相撲さんが全体重をかけるというのですから、どれほどの高圧であるかが容易に想像できますね。

このような高い圧力のかかった世界へ人間が行くには、水圧から確実に身を守ってくれる頑丈な耐圧容器の中に入るしか方法はありません。そしてその内部には、新鮮な空気がたえず補給され、二酸化炭素が除かれるしくみが必要不可欠です。

マケドニアのアレキサンダー大王（紀元前３５６〜前３２３年）が、ガラス（水晶）でできた閉鎖容器の中に自ら入り、海底まで吊って降ろさせたという伝説があります。作り話かもしれませんが、「海の中を見たい」という人類の夢が、はるか古代から続いてきたことがわかります。

その夢に大きく近づく快挙が、１９３０年から１９３４年にかけて、アメリカの生物学者、ウィリアム・ビービと技師のオティス・バートンの二人によってなされました。

彼らの挑戦は、図６－５に示す窓のついた耐圧潜水球を用いたものでした。この潜水球は鉄製で、直径約1・5メートル、壁の肉厚約3センチメートル、総重量は2・5トンで、水深二千数百メートルまで潜水可能だったといいます。

図6−5：潜水球に乗船する直前のウィリアム・ビービ（向かって左）とオティス・バートン（the Wildlife Conservation Society提供）

　ビービとバートンはこの潜水球に乗り込み、船上の巻揚機から頑丈なスチール製のワイヤーロープで吊り下げさせました。内部の空気は、酸素ボンベと二酸化炭素吸収のためのソーダ石灰により、清浄に保たれていました。そして、大西洋のバミューダ諸島近海で、深さ923メートルという、当時としては驚くべき深海まで降下することに成功したのです。

　この耐圧潜水球は、水中でも約1トンの重量があり、深く潜るほどワイヤー自身の重みも増していくため、船上のワイヤー巻揚機には相当の負荷がかかります。もちろん、ワイヤーの破断強度を十分に計算したうえで決行したのでしょうが、万が一にもワイヤーが切れたら、一巻の終わりです。誰も助けに行くことができず、海底で死を待つしかありません。文字どおり、命がけの挑戦でした。

　このような潜水球は、「バチスフェア」（フランス語のBathy〈深い〉とSphère＝球体との合成語）とよばれます。ビービとバートンは果敢にも、７回にわたってこの潜水球で海中に降下し、ライトで周囲を照らしながら、未知の深海生物の生態を人類の肉眼によって初めて観察したのでした。

彼らの使用したバチスフェアは現在、ニューヨーク水族館に展示されています。

6-6　深海に挑んだ冒険者たち②――潜水船を用いたオーギュスト・ピカールの場合

船から吊り下げるだけのバチスフェアとは異なり、本格的な潜水船、すなわち、自ら沈降し、かつ自ら浮上できる「バチスカーフ」（先の Bathy〈深い〉とギリシャ語の「船」からきた Scaphe との合成語）によって、初めて深海へ潜航した先駆者として、スイスのピカール親子に触れないわけにはいきません。オーギュスト・ピカール（１８８４～１９６２年）と、息子のジャック・ピカール（１９２２～２００８年）です（図６-６）。

彼らは、１万メートルの水圧に耐え、海底面を観察し、ふたたび海面まで浮上できる超深海潜水船を初めて開発しました。

オーギュスト・ピカールは、優れた物理学者であり技術者でした。彼がまず手をつけたのは、大気の研究でした。成層圏における宇宙線を観測するために１９３１年、大気球「ＦＮＲＳ号」

図6-6：オーギュスト・ピカール（右）と息子のジャック・ピカール（ピカール（1957）より）

を自ら設計・製作します。ＦＮＲＳとは、ピカールに資金援助をした「ベルギー国立科学研究財団」の略称で、彼は財団に敬意を表してこの名前をつけたのです。そして、自らこの気球に乗って高度16キロメートルまで上昇し、成層圏の貴重な観測データを取得することに初めて成功しました。

ＦＮＲＳ号は、直径30メートルの巨大な気球の下に、直径約2メートルの気密球を吊り下げたものです。気密球は、厚さ3・5ミリメートルのアルミニウム製で覗き窓が7つあり、内部は地上と同じ1気圧に保たれていました。重量と浮力をうまく調整することで、大気中を意のままに上昇したり下降したりできます。アルキメデスの原理を応用したものです。

ピカールは、同じ原理が海洋中を降下・浮上する乗り物にも応用できると考えました。というより、じつはピカールには当初から潜水船のアイディアがあり、その前段階として、まずは大気球に取り組んだのだと、自伝『成層圏から深海へ』の中で述懐しています。

大気中では周囲の薄い気圧から人間を保護してくれた気密球を、こんどは海中の高い水圧から人間を守る耐圧球に置き換えます。そして、その耐圧球の上部には、耐圧球を浮上させるための浮力体を接続します。海中を沈降するときは、浮力を上回るおもり（バラスト）を抱え、浮上するときには、そのバラストを捨てることで浮力が勝るように調節します。

ピカールは再度、ベルギー国立科学研究財団の援助を受け、本格的なバチスカーフ「ＦＮＲＳ－２号」を完成させました（図６－７）。人が乗り込む耐圧球（以下「耐圧殻」とよぶ）の内径は２メートルで、深さ４０００メートルの水圧

図6-7：オーギュスト・ピカールによる最初の深海潜水船「FNRS-2号」（http://www.fnrs.be/en/index.php/the-fund/history-and-statutes-of-the-fnrsより）

に十分に耐えられる強度をもっています。

浮上するための浮力は、どうやって得たのでしょうか。当時の技術で可能だった方法は、海水よりも軽い石油（ガソリン）を浮力体として用いることでした。しかし、海水とガソリンとの比重差はあまり大きくありません（ガソリンの比重は０・７程度）。そのため、大容量のガソリンが必要となり、収容するタンクは長さ7メートルと巨大なものとなりました。

１９４８年11月、アフリカのダカール沖で潜航テストが行われました。このときは、タイマーによってバラストを自動投棄する無人操縦によって、深さ１３８０メートルまで潜航するのにまず成功しました。しかし、海況の悪化で有人潜航にはいたりませんでした。

その後、息子のジャック・ピカールも実験に参加するようになり、強力な親子タッグが組まれることになります。

6-7 深海に挑んだ冒険者たち③——ピカール親子のライバル船は？

ピカール親子は、ＦＮＲＳ－２号の改良版である「ＦＮＲＳ－３号」の建造に着手しますが、さまざまな事情から、ＦＮＲＳ－３号の完成はフランス海軍の手に委《ゆだ》ねられることになりました。そこでピカール親子は、イタリア・トリエステ市の協力を得て、新たに潜水船「トリエステ号」の組み立てを開始します。

オーギュスト・ピカールは、より堅固で実用性を高めた潜水船をつくるため、物理学者としての知識に加えてそれまでの経験を総動員し、トリエステ号の設計・製作に取り組みました。たとえば、FNRS‐2号と3号では耐圧殻の鉄素材として、溶解したうえで型にはめてつくる鋳鋼《ちゅうこう》を使用していましたが、トリエステ号の耐圧殻には、熱して打ち延ばしながら形状加工した、より強度の高い鍛鋼《たんこう》を用いました。耐圧殻の内径はFNRS‐2、3号と同じく2メートル、壁の肉厚は9センチメートルとしました。

1953年9月、トリエステ号が地中海で深さ3150メートルの最深潜航記録を打ち立てると、翌1954年2月、こんどはフランスのFNRS‐3号がダカール沖で4050メートルの潜航に成功する、といった具合に、二つの潜水船によるつばぜりあいが続きました。

トリエステ号の話は次節でさらに続けることとして、ここでは、フランスのFNRS‐3号、およびその後継船「アルシメード（アルキメデス）号」について先に紹介しておきましょう。

FNRS‐3号の基本的な構造や、約4000メートルの耐圧深度は、FNRS‐2号とほぼ同じで、1958年には深海研究のために来日も果たしています。日仏共同の調査を行う目的で、当時の東京水産大学（現在の東京海洋大学）教授でのちに同大学の学長を務めた佐々木忠義が、朝日新聞社の協力を得て招聘《しょうへい》したのです。

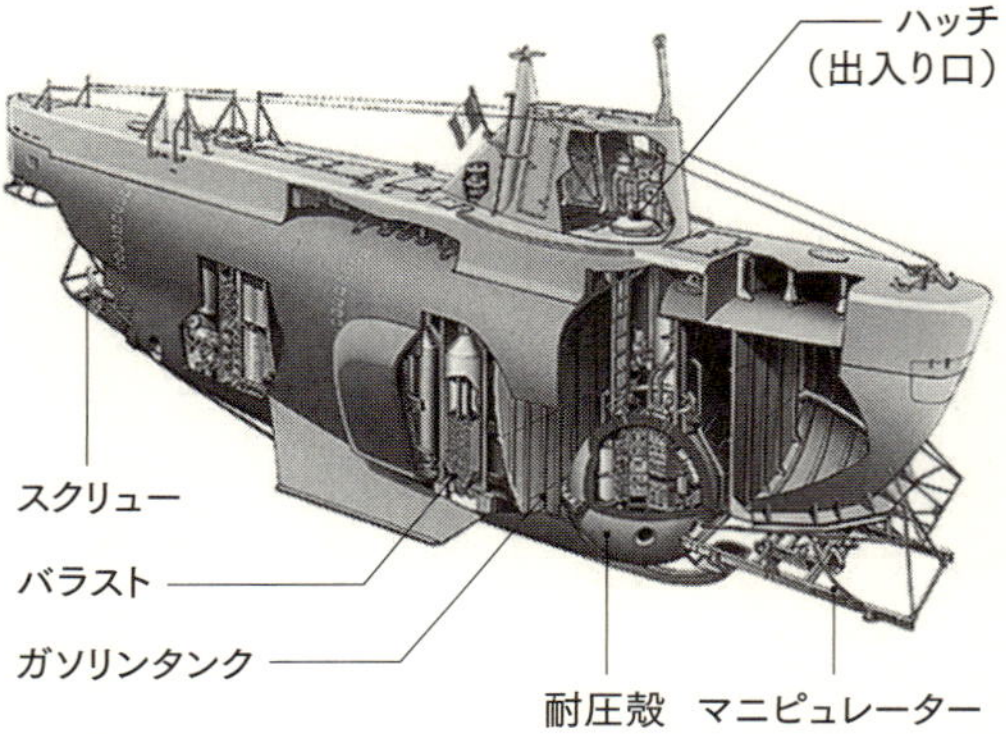

図6-8：フランスによる深海潜水船「アルシメード（アルキメデス）号」（全長22m）（http://cyberneticzoo.com/underwater-robotics/1961-archimede-bathyscaphe-pierre-willm-and-georges-houot-french/の図に加筆）

日本郵船の「熱田丸」が、フランスから日本までＦＮＲＳ-３号を輸送しました。ＦＮＲＳ-３号は、日本周辺の宮城県・金華山沖や千葉県・野島崎沖、相模灘などで計９回の潜航調査を行い、最大潜航深度は３１００メートルを記録しました。

ちなみに、当時の日本には、これほど深く潜れる研究用の有人潜水船はありませんでした。１９５１年から１９７１年にかけて活躍し、鈴木昇・加藤健司両博士による「マリンスノー」の命名（１９５３年）などで知られる北海道大学の「くろしお1号」「くろしお2号」の両機は、最大潜航深度が２００メートルでした。１０００メートル級の有人潜水船となると、ＪＡＭＳＴＥＣが１９８１年に就航させた「しんかい２０００」の登場まで待たなければなりません。

FNRS－3号の技術は、その後継船として1961年に完成した「アルシメード（アルキメデス）号」に引き継がれます（図6－8）。最大潜航深度が1万1000メートルにまで飛躍的に伸びたことに加え、深海で試料採取を行うためのロボットアーム（マニピュレーター）を装備するなど、著しく機能が向上しました。

アルシメード号も1962年と1967年の二度にわたって来日し、両年とも8回ずつ日本近海の海溝に潜航しました。1962年には千島海溝で、深度9545メートルまで潜航して深海生物を観察し、海溝底に流れ（潮汐流と思われる）のあることを見つけました。また、1967年には同じく千島海溝で深度9260メートルまで、伊豆・小笠原海溝北端部でも8500メートルまで潜航しています。

アルシメード号は大西洋のプエルトリコ海溝にも潜航するなど、世界中の深海・超深海で活躍しましたが、深度1万メートルを超えることはありませんでした。1974年に退役し、現在はシェルブールの海軍博物館に展示されています。

6-8 深海に挑んだ冒険者たち④――チャレンジャー海淵底に到達したトリエステ号

ピカール親子による潜水船「トリエステ号」は、地中海で3150メートル潜航の実績を打ち立てたのちに、アメリカ海軍の資金援助を得て、大きな飛躍の時を迎えていました。このとき、アメリカ海軍とのあいだに立って活躍したのが、ここまでに何度も登場した、あのロバート・ディーツ博士です。

ディーツは、将来の超深海研究を先導するであろうトリエステ号の重要性に気づき、同船を米国に移管するよう、ジャック・ピカールに強く勧めたのです。この点にも、ディーツの柔軟な思考と優れた先見性を見る思いがします。

ピカールはどうかというと、究極の目標として1万メートルレベルの世界最深の潜航に挑むのが夢でした。米国に拠点を置くことになれば、西太平洋の海溝群へのアクセスが容易になることに、彼の心は動きました。

すでに182ページ表6－1に示したように、1951年にマリアナ海溝において、世界最深のチャレンジャー海淵が発見されています。ピカールとディーツの目標は、このチャレンジャー海淵への人類初の潜航へと一本化されていきました。

茶目っ気のあるディーツは、この計画を「ネクトン計画」とよびました。ネクトンとは、受動的に浮き沈みするしかないプランクトンとは違って、自由にどこへでも泳ぎ回ることのできる海の生物を総称する言葉です。魚もイカもサメもクジラも、すべてネクトンです。「トリエステ号も同じだろ」というわけです。

１９５８年、ピカールは米国海軍研究局（ＯＮＲ：Office of Naval Research）と正式な契約を交わし、カリフォルニア州サンディエゴの海軍電子工学研究所がトリエステ号の基地になりました。そして、１万メートル潜航に照準を合わせ、耐圧性能を増強した新しい耐圧殻がドイツの鉄鋼工場で製作されるなど、着々と準備が進められました。

図６-９に、トリエステ号の外観を示します。巨大なガソリンタンクは、厚さ5ミリメートルの軟鋼でつくられ、直径３・５メートル、全長約15メートルの円筒紡錘状をしています。その中に、75トンのガソリンが満たされます。浮力タンクは12の小室に分かれており、胴体の黒線はそれらの隔壁の位置を示しています。

グアム島を拠点として、１９５９年末から試験潜航を繰り返したあと、１９６０年1月23日、ついにチャレンジャー海淵での潜航が

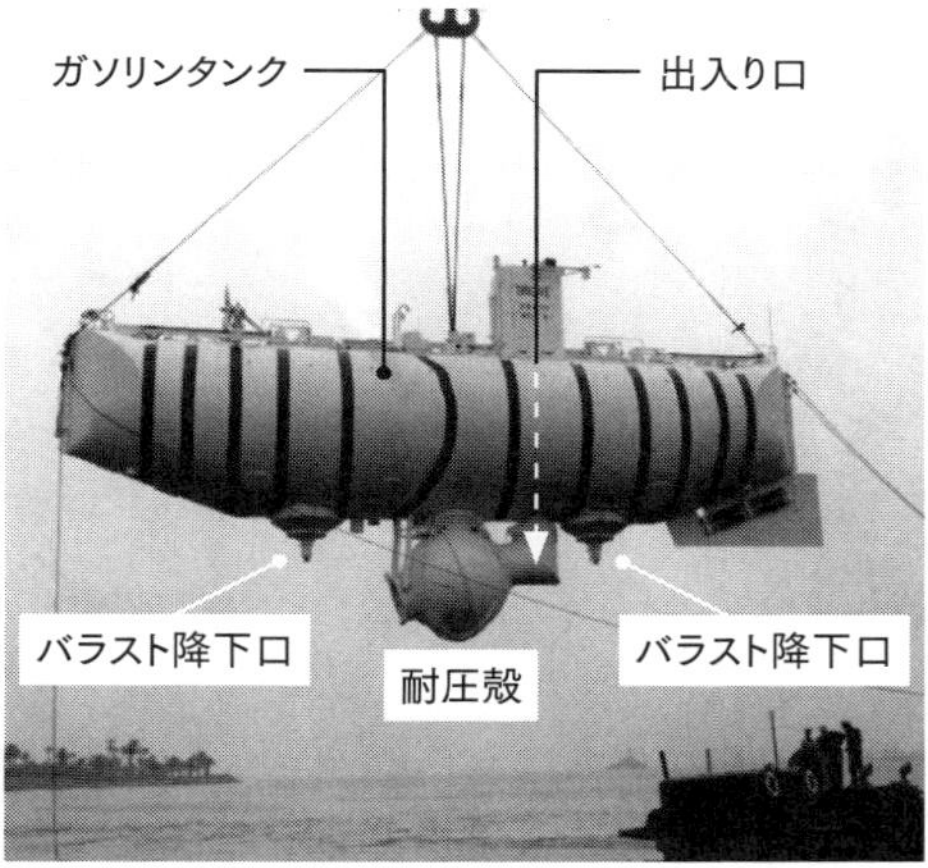

図6-9：深海潜水船「トリエステ号」（U.S. Naval Historical Centerの図に加筆）

決行されました。乗船者は、ジャック・ピカールと、アメリカ海軍のドン・ウォルシュ大尉の2名です。海面で待機する支援船「ルイス号」の船上では、ディーツが固唾《かたず》を呑《の》んで見守っていました。

午前8時23分に潜航を開始したトリエステ号は、約5時間後の13時6分、みごとチャレンジャー海淵の海底に到達します。それは、水深1万913メートルの、まさしく人類未到の地に降り立った瞬間でした。

降下中の、手に汗を握るようなドラマの一部始終は、ピカールとディーツの共著による『Seven miles down：The Story of the Bathyscaph Trieste』（邦訳は『一万一千メートルの深海を行く――バチスカーフの記録』佐々木忠義訳）に詳しく記録されています。

トリエステ号が着底し、舞い上がった堆積物の煙が晴れたとき、耐圧窓の外に、ピカールとウォルシュの目は吸い寄せられました。長さ30センチメートルほどの、平たいヒラメのような魚が、海底面に横たわっていたのです。彼らは、その泳ぐ姿をカメラで撮影しました。

ピカール自身による後日談によれば、トリエステ号の帰還後、そのフィルムは米軍に回収されたまま、なぜか公開されずじまいになっているとのことです。

深さ1万メートルを超える海溝底に魚がいたというこの話は、深海生物学者からは「ありえない」と一蹴されています（7-12節参照）。果たして、その真偽は？

ちなみに、ディーツは2回目の潜航で潜る予定でした。ところが、1回目の潜航で耐圧殻への入り口近くのプラスチック窓にヒビが入ったために、以降の潜航は中止されました。チャレンジャー海淵への潜航は結局、この1回だけで打ち止めとなってしまったのです。アメリカの国威発揚にとってはそれで十分だったのかもしれませんが、ディーツにとっては残念な結末でした。

トリエステ号はその後、チャレンジャー海淵を再訪することなく、1966年に現役を退きます。その耐圧殻は現在、ワシントン海軍工廠の海軍博物館に保存・展示されています。

6-9　6000メートル級の有人潜水船は世界に7隻

トリエステ号もアルシメード号も、浮上のための浮力を得るために、巨大なガソリンタンクを必要としていました。そのため、どうしても図体が大きくなって小回りがきかず、海況が悪いとなかなか潜航できない欠点を抱えていました。また、自ら潜航・浮上はできるものの、海底であちこち自由に動き回れるほどの機動性は持ち合わせていませんでした。

1964年、「これぞネクトン」とよべるような、本格的な深海研究用の潜水船が就航しました。浮力材にガソリンではなく、シンタクチック・フォームを用いた米国の「アルビン号」です。

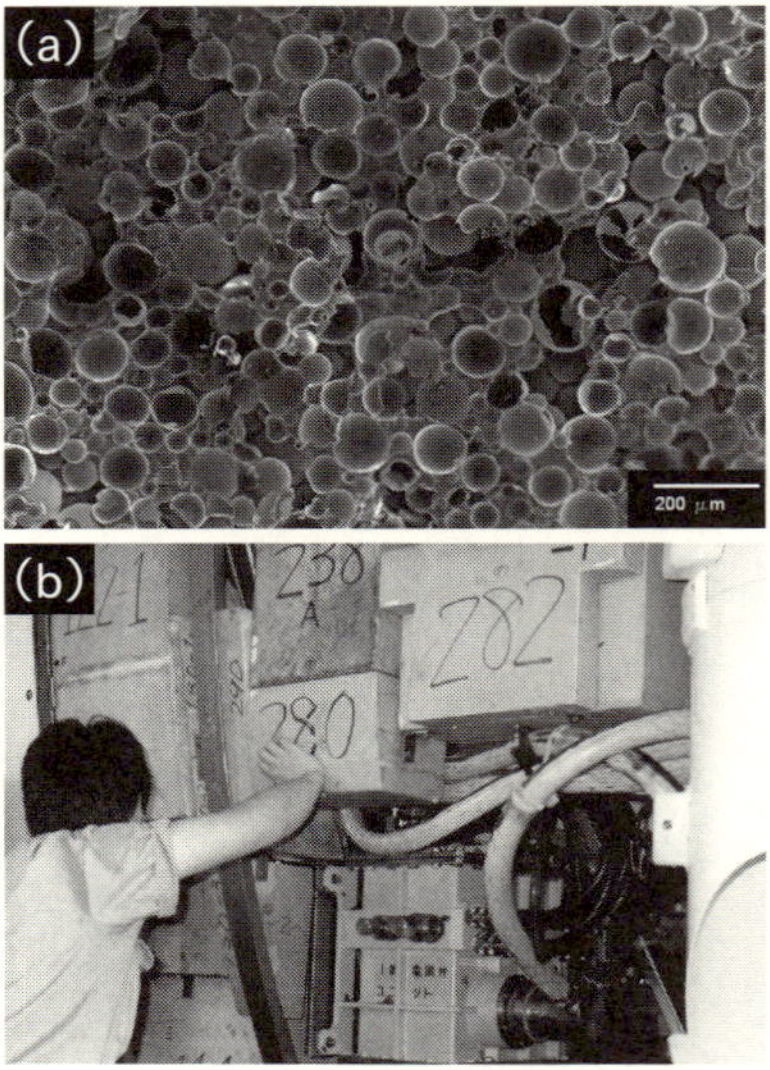

図6-10：(a)シンタクチック・フォームの電子顕微鏡写真と、(b)シンタクチック・フォームによる浮力材ブロックが、潜水船「しんかい6500」の内部に隙間なくはめ込まれているようす（(a)はNikgupt at the En Wikipediaより、(b)は 1991年、筆者撮影）

シンタクチック・フォームとは、サイズ数十ミクロンと微小なガラスやプラスチックの中空球を樹脂で固めた複合材で、軽量で強度の高い理想的な浮力材です（図6-10）。比重は約0・6とガソリンより軽く、引火するなどの危険性もありません。

常温で固体であるため、さまざまな形状に切断・加工できるなど、多くの利点があります。この浮力体を用いることで、潜水船のサイズを格段に小型化できるようになり、海中での運動能力が飛躍的に向上しました。

同時に、耐圧殻を比重7・9の鉄から比重4・5のチタン製に変更したことも軽量化を促し、浮力体のサイズ縮小に大きく貢献しています。

アルビン1号機の最大潜航深度は１８００メートルにとどまっていましたが、その後に改造が重ねられ、４５００メートルを経て、現在は６５００メートルまで潜航可能になっています。

アルビン号のような、深海研究を目的とした６０００メートル級の有人潜水船は現在、世界に7隻あります。６０００メートルまで潜ることができるフランスの「ノーティル（ノチール）号」とロシアの「ミール1号」「ミール2号」、６２７０メートルまで潜航可能なロシアの「コンスル号」、６５００メートルまで潜れる日本の「しんかい６５００」（図6－11）とアメリカの「アルビン号」、そして、７０００メートルまでを射程に収める中国の「蛟竜号《ジャオロン》」です。いずれの潜水船も、耐圧殻の内径は２・０〜２・１メートル、乗員は3名となっています。

図6－11：有人潜水船「しんかい 6500」（2001年、筆者撮影）

　当然のことですが、どの国でも有人潜水船では乗船者の安全をまず第一に考え、耐圧殻に厳しい安全基準を設けています。たとえば日本では、国土交通省令と船舶安全法によって、有人潜水船は「設計潜水深度×

1・5+300メートル」に耐えられる強度をもつことと定められています。この安全基準に従って、「しんかい6500」は1万50メートルの水圧に耐えられる構造をしています。

潜水船に対する安全基準は国によって少しずつ異なっており、アメリカの安全基準では、設計潜水深度の1・25倍の強度を備えていればよいそうです。この基準に従うなら、「しんかい6500」は8000メートルまで潜ってよいことになります。なんだか釈然としませんが、より厳格な日本並の安全基準を世界共通にしてほしいですね。

6-10 日本が一番乗りを果たした「フルデプス無人探査機」

有人潜水船以外にも、超深海を調査する方法はあります。研究船からワイヤーケーブルで吊り下げる無人探査機「ROV：Remotely Operated Vehicle」、およびケーブルを必要としない自律型海中ロボット「AUV」です。いずれも、人が乗船しないため、耐圧殻は不要です。

AUVについては、5-9節と5-10節で、4000メートル級の潜水能力をもつ「アールワン」を紹介しました。浦教授のグループはその後、さらに機能を向上させた4000メートル級のAUV「r 2D 4《アールツーディーフォー》」を2003年に進水させ、太平洋やインド洋の海底火山活動の探査で大きな成果を挙げました。2005年には、第5章で述べた明神礁にも潜航しています。

また、JAMSTECでは、3500メートル級の大型AUV「うらしま」の開発・実用化を1998年から進めています。2005年には世界記録となる連続航走距離317キロメートルを達成するとともに、音響測深機や海中重力計、マルチ採水装置などのさまざまな機器を搭載し、海底付近を走り回る広域観測に活用しています。

しかし、r2D4はその後、インド洋での潜航中に行方不明となってしまったため、現時点で、3500メートル以上の潜航が可能なAUVは、わが国には存在しません。世界でもAUVの最大潜航深度は6000メートル程度です（後述する「ネレウス」を除きます）。

一方のROVについては、これまでに日本やアメリカ、中国で、1万1000メートル級のフルデプスに対応する機種が開発され、超深海の研究に活用されています。ここで「フルデプス（full-depth）」とは、チャレンジャー海淵に代表される海洋の最も深い場所までを含めた全深度という意味で、最近よく用いられるようになった用語です。

フルデプスROVで一番乗りを果たしたのは、わが国でした。JAMSTECが、世界初のフルデプスROV「かいこう」（図6-12）を設計・製作し、1993年に運航を開始しました。

かいこうは、高性能の光ファイバーケーブルによって母船と接続され、高感度テレビカメラによる深海底の映像が、リアルタイムで船上の実験室に伝送されます。船上からは電力が供給され、また2本のマニピュレーターによる試料採取が自在に行えます。潜水船の窓から海底を見な

図6－12：世界初のフルデプスROV「かいこう」（2000年、筆者撮影）

がら行うのとほぼ同じ作業を、船内の広い実験室で、大きなディスプレーを見ながら実施できるのです。しかも、大勢の研究者が情報を共有して観測に参加できます。

かいこうの大きな特徴として、超深海における観測をスムースに行えるよう、ランチャーとビークルからなる二体システムになっていることが挙げられます。まず、母船である「かいれい」から一次ケーブルで全体を吊り下げ、海底が近づくと、自走能力のあるビークルがランチャーから離脱し、海底直上の探査に向かいます（図6－13）。ビークルは、ランチャーと二次ケーブルで接続されています。

かいこうは、チャレンジャー海淵への潜航にみごとに成功し、超深海探査の金字塔を打ち立てました。

しかし残念なことに、運航開始からわずか10年後の２００３年、高知県・室戸岬沖での南海トラフ潜航調査中に二次ケーブルが破断し、ビークルが消失してしまいました。

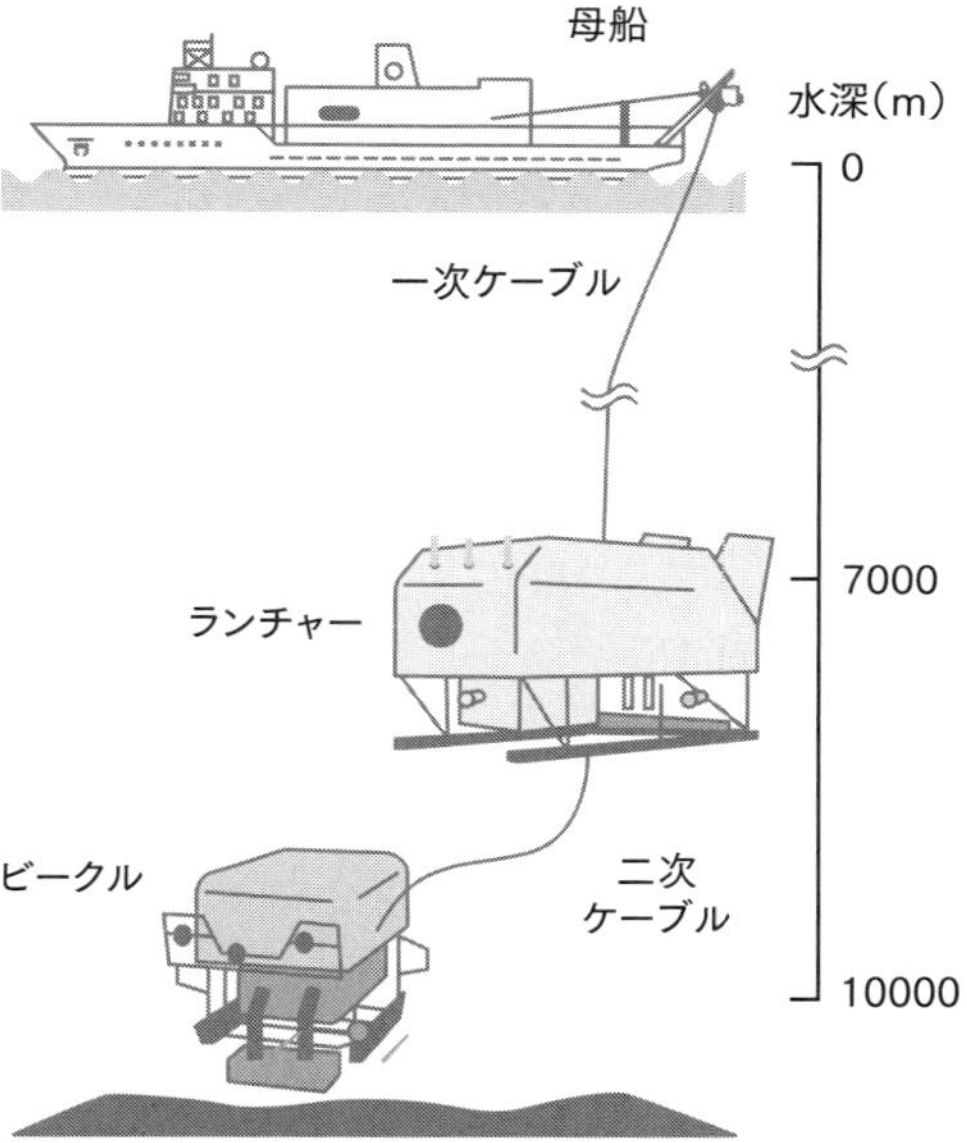

図6－13：ランチャーとビークルからなるフルデプスROVの潜航イメージ図（JAMSTECのウェブサイトの図を改変）

6-11 相次いだ災厄

JAMSTECではその後、小型のフルデプスROVとして、「ABISMO《アビスモ》：Automatic Bottom Inspection and Sampling Mobile」を開発・実用化しました。「かいこう」と同じく、ランチャーとビークルの二体システムです。

２００７年に、伊豆・小笠原海溝（９７０７メートル）での潜航と海底堆積物採取に成功したＡＢＩＳＭＯは、翌２００８年にはチャレンジャー海淵に潜航し、海底直上水を含む複数の深度での海水試料の採取、および堆積物試料の採取に成功しました。

ＪＡＭＳＴＥＣではさらに、より自律能力の高いフルデプスＲＯＶ（ＵＲＯＶ－11Ｋ）の開発を進め、２０１７年にチャレンジャー海淵で作動確認潜航に挑みました。しかし、浮上中のビークルが深さ５０００メートル付近で回収不能となり、またも失われてしまいました。

一方、米国では２００８年、ウッズホール海洋研究所が、フルデプスの次世代型無人探査機「ネレウス」を開発・実用化しました。

ネレウスは、ＡＵＶとＲＯＶの二刀流です。まず、ＡＵＶとして海底直上を広く泳ぎ回って地形などの情報を収集し、いったん帰船したのちにＲＯＶに変身して、こんどは狙いを定めた海底の一点を集中的に調べて、試料採取を行うのです。２００９年にチャレンジャー海淵の深さ１万９０２メートルに到達し、２０１４年には南太平洋のケルマデック海溝に潜航しました。

ところが、ネレウスもまた、この潜航調査中に亡失してしまうのです。ケルマデック海溝内の深さ９９９０メートルの超深海で応答が途絶え、しばらくして圧壊を示唆する機体の破片が、海面に浮上してきました。

超深海ＲＯＶには、疫病神でも取り憑いているのでしょうか？　そう勘繰りたくなってしまうほどに、潜航中でのアクシデントが続いています。しかし、「失敗は成功の母」でもあります。

さらに高度な技術の進展によって、ROVの開発と探査を今後も継続してほしいですね。

最近は、中国が超深海研究で急成長を遂げつつあります。2016年には、フルデプスROV「海斗《ハイドウ》（Haidou）」がチャレンジャー海淵の潜航調査に成功し、1万767メートルに到達しました。トリエステ号とネレウスの米国、かいこうとABISMOの日本に続く、1万メートルの壁を破った3番目の国に躍り出たのです。

6-12 フルデプス有人潜水船にしかできないこと

超深海で作業できる高性能ROVの技術革新が目覚ましい一方、かつてのトリエステ号やアルシメード号のように、1万1000メートル級のフルデプス有人潜水船（以下、「HOV：Human Occupied Vehicle」とよびます）の系譜はその後、どうなっているのでしょうか。

残念ながら現時点では、この後のコラム5で紹介する「ディープシー・チャレンジャー号」を除いて、フルデプスHOVは世界に一隻もありません。フルデプス耐圧殻の製造がきわめて高度な技術を必要とすること、そして、それに巨額の費用がかかるためでしょう。

ROVの性能が大きく向上しているので、HOVはなくても、その役割を十分にカバーできるという意見もあります。しかし、自ら超深海に潜航し、肉眼による観察を行いながら、さまざまな計測や試料採取に取り組みたいと望む研究者も大勢います。ぼくもそれに与《くみ》する者です。ヒトの視覚情報処理能力は、並外れて優れています。ヒトが事物を肉眼で認識することの卓逸性は、なにも自然科学に限ったことではありません。

やや唐突かもしれませんが、ここで大正から昭和初期にかけての日本洋画界の巨匠・小出楢重《こいでならしげ》の文章を引用したいと思います。絵画の技法の基本として、「最初の一筆から最後の一筆にいたるまで自然の前で行う」ことの大切さが述べられている箇所です。

さて自然の前でする技法の特質は、想像にのみよるものが陥りやすい処のマンネリズムから飛び離れ得る事であり、また、画家が自然から直接パレットの上に絵具を調合すると、彼は不知の間に一つの不知の調子と色彩をカンヴァスの上へ現し得る事である。

彼と、筆と、絵具と、カンヴァスの間に、も一つ、何か彼の知らない一つの不思議な力が常に働いている事である。その力が絵を彼と共に完成して行き、彼にもわからぬ力を画面に与える。

（小出楢重『油絵新技法』）

もし自然を肉眼で見続けることなく、間接的な記憶や想像によって安易に作画するならば、画道は衰退してしまうのだと述べたうえで、比喩を用いて「自然なしでは柱なき家でありテレスコープなき潜航艇でもある」と言い切っています。

ＲＯＶに取りつけた高性能のビデオカメラが、船上の大スクリーンに鮮明に海底面を映し出し、なめらかに動くロボットアームが船上から操作できたとしても、やはり「何か」が足りない気がします。それは、右の文章中で小出楢重が「何か彼の知らない一つの不思議な力」とよんだものと重なるのかもしれません。

超深海の科学に精通し、深い問題意識を抱く研究者が、海溝底に身を沈め、その臨場感のなかで視線を動かしたとき、どんな突飛な発想にいたるのでしょうか。ケーブルを伝わって船上にもたらされる二次元映像がいかに高画質なものであったとしても、それを凝視するだけでは決して到達することのできない、切羽詰まった創造の瞬間が、ＨＯＶの中にありそうな気がします。

6-13 次にチャレンジャー海淵に潜るのは誰か?

「フルデプスＨＯＶが欲しい!」

口でいうのはかんたんですが、その実現には、幾多の障壁が待ち受けています。莫大な経費が必要であるのはもちろんですが、それ以外にも考えるべきことがたくさんあります。従来の、6000メートル級ＨＯＶの上を行く技術開発に加えて、次世代の機能・スタイルも盛り込まれなければなりません。

たとえば、現行の「しんかい６５００」は、水深６５００メートルの海底まで沈むのに約２時間30分かかります。海面への浮上にも同程度の時間を要しますから、海底での作業時間に３時間を確保すると、計８時間というのが、現在の標準的な潜航スケジュールです。

しかし、チャレンジャー海淵への潜航を想定した場合、これと同じ上下移動の速度では、海底との往復だけで９時間もかかることになります。海底での観測時間をやはり３時間と見積もれば計12時間、すなわち、丸々半日を費やすスケジュールです。実際には、母船からの着水や揚収のための時間がさらに加わります。安全確保の観点から、これらの作業は昼間の明るい時間帯に行うべきなので、潜航開始から浮上まで12時間も要すのは現実的でありません。

そこで、流体力学的な発想によって、船体を流線形にモデルチェンジするなど、降下速度と浮上速度を、しんかい６５００の数倍に高める技術革新が望まれます。また、コストを度外視すれば、24時間でも海底にいられるよう、潜水船の居住性を向上させる案も考えられます。トイレをつけたり、手足を伸ばして休息できるように耐圧殻を大きくしたりすることで、潜水船の形状や船内でのライフスタイルを根本的に変えてしまう発想です。

わが国が有する高い技術レベルから見て、フルデプスＨＯＶの建造は十分に可能であるといわれてきました。しかし一方では、しんかい６５００の建造から約30年が経過し、開発当時の技術者は次々と現場を去っています。高度な造船技術を、どのように維持・継承していくか、という課題にも留意しなければなりません。

文部科学省のウェブサイトにある「今後の深海探査システムの在り方について」（2016年8月）を読むかぎりでは、日本におけるフルデプスHOV実現への道のりはかなり険しそうです。そこには「フルデプスの有人探査機は、……（中略）……社会的・科学的ニーズ、技術動向、費用対効果、我が国の技術開発戦略等を踏まえつつ、継続的に検討していく必要がある」と、控えめな記載しかないからです。

「この重要な研究を世界に先駆けて行うには、ROVでは決してできない。どうしてもフルデプスHOVが必要だ！」という研究者の切なる声が高まるかどうかが、何より重要でしょう。

先述のとおり、超深海探査においていま、世界の頂点に立とうとしているのが中国です。上海海洋大学の深淵科学技術研究センターが、民間企業と共同で、フルデプス対応の「超深海科学・移動型ラボラトリー」構想を2013年に発表しました。

この構想は、1万1000メートル級ランダー（海底設置機器）3台と、1万1000メートル級ROV「海龍《ハイロン》11000」、さらには1万1000メートル級HOV「彩虹魚号《ツアイホンユー》」の組み合わせからなっています。ランダーとROVはすでに完成しており、超深海での作動テストが進められていると見られています。

フルデプスHOVの彩虹魚号は、プレス発表によれば、チタン合金製耐圧殻の製作まで進んでおり、完成は2020年頃を見込んでいるとのことです。チャレンジャー海淵の有人科学調査への期待が高まっています。

史上3人目の「1万メートル潜航」達成者は？

宇宙航空研究開発機構（JAXA）のまとめた統計によれば、宇宙を飛行した人類は、世界中ですでに550名を超えています。

これとは対照的に、水深1万メートル以上の深海底に到達した人類は、世界中でまだたった3名しかいません。海溝底がいかにアクセス至難な場所であり、「地球最後のフロンティア」とまでよばれるのかが納得できる数字ですね。

さて、この3名のうち2名は、6－8節で紹介したジャック・ピカールとドン・ウォルシュなのですが、あとの1名がいったい誰か、ご存じでしょうか？

意外に思われるかもしれませんが、その人物とはジェームズ・キャメロン。大ヒット作「タイタニック」や「アビス」、「アバター」などでよく知られる映画監督です。

世界で最も深い海の底に潜航することが、生涯の夢であったと語るキャメロン監督は、じつに7年の歳月を費やして、フルデプス有人潜水船「ディープシー・チャレンジャー号」を完成させました。

自重で沈み、シンタクチック・フォームの浮力材で浮上するしくみは従来と同じですが、ディープシー・チャレンジャー号はロケ

図6－14：2012年3月、チャレンジャー海淵への潜航に成功したキャメロン監督とディープシー・チャレンジャー号（写真提供：National Geographic/AAP Image/アフロ）

ットに似た細長い流線形をしているため、しんかい６５００のような通常の潜水船に比べ、２〜3倍の高速度で下降／浮上することができます。この形状は、フルデプスＨＯＶの先駆けとして注目されます。

人が乗り込む鋼鉄製の耐圧殻は、肉厚が６・３５センチメートルで直径１０９センチメートル。あれっ、従来のＨＯＶに比べ、ずいぶん小さいと思いませんか？　そうです、この潜水船は一人乗りなのです。

２０１２年3月26日、チャレンジャー海淵の東側の凹み（北緯11度22分、東経１４２度35分）を目がけて潜航を開始したキャメロン監督は、およそ2時間半で1万８９８メートルの海底に到達しました。52年前にトリエステ号が着底した地点とは、約37キロメートル離れた海底です。

おそらくはカイコウオオソコエビとみられる小さな端脚《たんきゃく》類が、目の前を漂っていました。ロボットアーム（マニピュレーター）を操作して海底堆積物を採取したり、スラスターを使って付近を動き回ったり、キャメロン監督は静寂の世界を堪能したようです。

しかし、油圧装置からの油漏れが起こったり、バッテリーが予想以上に速く消耗したりしたため、当初は5時間を予定していた海底での滞在時間を3時間で切り上げ、バラストを切り離して浮上しました。

ディープシー・チャレンジャー号はその後、米国・ウッズホール海洋研究所に寄贈されたとのことです。今後うまく活用されるよう、大いに期待したいですね。

第7章 躍進する超深海の科学

超深海や海溝に関する海洋科学的な知見の積み重ねは、いまなお、きわめて限られています。率直にいえば、ほとんど何もわかっていないのが現状です。

観測例が少ないのは、なんといっても1万メートル以上という尋常ならざる深さと、現場における猛烈な水圧が障壁となっているからです。

前章では、潜水船を用いて果敢にチャレンジャー海淵に潜航した3名の英雄（ジャック・ピカール、ドン・ウォルシュ、そしてジェームズ・キャメロン）をご紹介しました。彼らの快挙は大いに称賛されるべきですが、いずれも1回限りのものであり、観測というよりは、探検的な色彩が強いものでした。

彼らの挑戦を経て、時代はいよいよ、超深海のサイエンスを確立すべく動き出しています。本書を締めくくる最終第7章では、躍進著しい超深海科学の最前線へと、みなさんをご案内することにしましょう。

7-1 探検からサイエンスへ——フルデプス海洋科学の誕生

宇宙の探査・研究においても、その初期には、宇宙空間や月面に人工衛星やロケットを飛ばす技術がまず開発されました。そして現在では、数百名の人類が宇宙空間を体験し、宇宙においてさまざまな観測・実験が行われています。月面や惑星から直接、試料が採取され、普遍的な学問分野の構築が、急ピッチで進みつつあります。

超深海についても事情は似ています。国威発揚のための、いわばスタンドプレーの時代から、地道ではあっても継続性のある学術研究の時代へとシフトしています。超深海まで包括した「フルデプス海洋科学」の確立です。海面に浮かぶ観測船から、はるか海溝底まで機器を降下させることを、複数の観測点で繰り返し行い、広い海域から三次元データを取得できる観測機器類が、いま少しずつ整えられています。

研究船によって広範な海域から観測データを取得するとともに、「ここぞ」という場所では超深海の底面に降り立ち、至近距離で海底を観察しながら試料を採取できる、無人または有人のフルデプス潜水船ももちろん必要でしょう。

本書ではここまで、深さ６０００メートルより深い海を「超深海」とよんできました。英語では「Hadal Zone」（ヘイダルゾーン）。Hadal は、ギリシャ神話における冥府（死者の国）の支配者「Hades」（ハデス）に由来します。ちなみに、超深海の上側にあたる「深海」は「Abyssal Zone」（アビサルゾーン）です。

Hadal という言葉の創始者は、デンマークのコペンハーゲン大学教授だったアントン・Ｆ・ブルウンです。ブルウンは、１９５０年から１９５２年にかけてのガラテア号による世界一周研究航海で卓抜なリーダーシップを発揮し、フィリピン海溝底などから貴重な生物試料を多数採取して、超深海の生物学を大きく進展させました。Hadal という呼称には、超深海が６０００メートルまでの深海の単なる延長上の存在ではなく、はっきり区別して扱われるべき研究領域なのだと考えるブルウンの強い意志が感じられます。

なお、国連のユネスコでは２００９年、深海と超深海との生物相の変わり目として深度６５００メートルを推奨しています。どちらをとっても本書の内容にはあまり関係ありませんので、本書では引き続き６０００メートルから下を超深海とよぶことにします。

7-2 超深海の観測はなぜ難しいのか

過去に太平洋で行われてきた海洋観測を振り返ってみると、深さ6000メートルくらいまでは、たくさんのデータが蓄積されていることがわかります。

ところが、水深が6000メートルを超えて、1万メートルにいたる超深海となると、とたんにデータは空白だらけとなります。海溝内の水温や塩分、あるいは化学成分の分布については、まだほんのわずかしか知られていません。

超深海の観測がなぜ、それほど困難を極めるのか、あらためて確認しておきましょう。

通常の海洋観測は、頑丈なスチール（鋼鉄）製のワイヤーロープによって、観測装置や試料採取装置を研究船から海中に吊り下げて行います。深さに応じてワイヤーロープを海中へ繰り出し、それをまた巻き取るために、ウィンチとよばれる巨大な巻上機が船上に固定されます。

スチール製のワイヤーを深海へ降ろせば降ろすほど、自重による張力が強まっていきます。つまり、断線の危険が高まります。ワイヤーを太くすれば強度は増しますが、そのぶん重さが増加して取り扱いにくくなり、また、船上にはさらに巨大なウィンチを設置せねばならなくなるため、よい解決策にはなりません。

有機繊維でできた軽いロープもありますが、金属製のワイヤーに比べて摩耗しやすく、ウィンチへの巻き込み／繰り出しによって劣化・破断することへの不安があります（最近は、かなり質のよい素材のものが出始めています）。金属にこだわるなら、値は張りますが、チタンのように軽い金属を使う手もあります。

超深海の観測には、もう一つ大きな問題があります。――水圧です。海中に降下させる機器類は、水深が増せば増すほど強い水圧を受けます。水深1万メートルでは1000気圧、すなわち、1平方センチメートルあたり1トンという強烈な水圧がかかります。

これだけの水圧を受けてもつぶれない機器でないと、海溝底に降ろすことはできませんが、一般に入手できる深海用の観測機器は、ほとんどが水深6000メートルまでの耐圧能力しか備えていません。通常の深海観測は、6000メートルより浅い部分でしか行わないからです。

もちろん、1万メートルの水圧に耐える装置をつくることは、技術的には可能です。しかし、その製造コストは割高になります。売れる見込みの小さい製品をメーカーはあえて製造しませんから、1万メートルの耐圧保証がついた海洋観測機器が、標準品としてカタログに載ることはほとんどありません。

そうなると深海に挑む研究者は、必要な観測装置を自ら作製するか、あるいは資金を調達して、高額な特注品を時間をかけてつくってもらうなどしなければなりません。研究者の独創的なアイディアや実行力が求められることになります。
そのような苦労を乗り越えて、超深海の観測に先鞭をつけた学術研究をいくつか、以下に紹介しましょう。

7-3 初めて実測された海溝底の海水――マンチラーとリードの巧妙なしかけ

1976年5月に東京を出港した米国の観測船「トーマス・ワシントン号」の目的は、フィリピン海、およびその周辺の海洋調査でした。あらかじめ決められた観測点で調査を行いつつ、フィリピン海を南下していきました。

観測点では、温度計付き採水器を取りつけたワイヤーロープを海底近くまで降下させ、さまざまな深度から海水試料が採取されました。船上では、塩分や溶存酸素、栄養塩などの化学成分が、すぐに分析されました。

マリアナ海溝のチャレンジャー海淵に差しかかったとき、乗船していたアーノルド・マンチラーとジョセフ・リードの二人は、この機会に、まだ誰も測定したことのない海溝底の海水の温度や化学的特徴を調べようと考えました。

しかし、トーマス・ワシントン号が装備していたワイヤーロープでは、せいぜい7000メートル程度の深さまでしか、採水器を降ろすことができません。そこで彼らは発想を転換しました。海溝底まで自由落下し、その後に浮上する係留式の採水装置を組み立てたのです。

図７－１は、彼らの論文に基づいて描いた、装置の想像図です。軽いロープの一端に浮力体を、反対側におもりをつけます。おもりは、装置全体を海溝底まで落下させるためのものです。おもりの直上には採水器が、万一の不作動に備えて、２台取りつけられました。

おもりが海底面に到達すると、浮力体がロープを上向きに引っ張るので、図７－１のように装置は海底直上に垂直に立ち上がることになります。

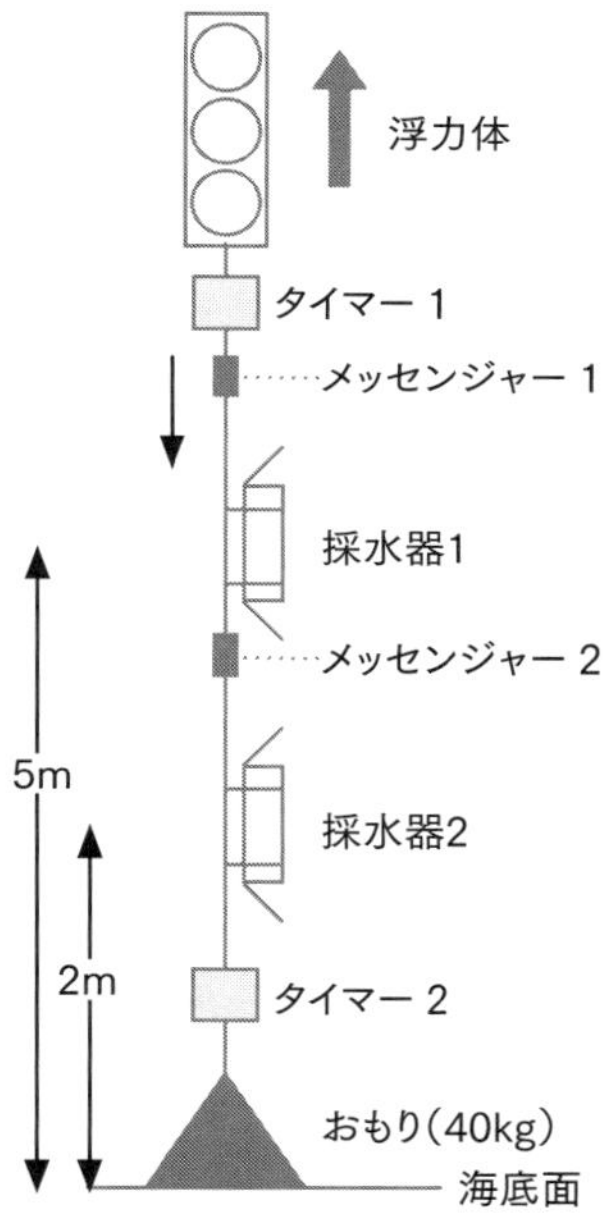

図7−1：マンチラーとリードがマリアナ海溝底に設置したタイマー式採水装置の想像図

少し時間が経ったところで、採水器のフタを閉めるためのメッセンジャー（ロープに沿って落下する円柱形の金属塊）が自動的に降下します。まず「メッセンジャー１」が、矢印のように落下して採水器１の上端にぶつかります。すると、強制的に採水器1のフタを開けていたしくみが外れて上下のフタが閉まり、海水試料が採取されます。それと同時に、採水器1に固定されていた「メッセンジャー2」が外れて落下し、採水器2のフタを同じように閉めます。

メッセンジャー1を落下させるタイミングは、「タイマー1」が制御しています。この装置一式が海底に到着する時刻をあらかじめ予測したうえで、それより少し後にタイマー1が働くようにセットしておくのです。

なお、図には示していませんが、それぞれの採水器には、その位置の水温と水圧（深さ）を計測するための「転倒式温度計」が装着されています。転倒式温度計とは、採水器のフタが閉まると同時に180度回転して、そのときの水温と水圧を記録・保持できる特殊な温度計です。

これら一連の採水作業がすべて終了した少し後で、「タイマー2」が作動するようにセットしておきます。タイマー2は、おもりを切り離す役目を果たします。タイマーとおもりをつないでいた部分が外れることで、浮力体による浮力が勝るようになり、装置は海面まで浮上します。これを観測船で見つけて拾い上げるのです。

装置は計画どおりにうまく作動し、転倒式温度計の記録から、水深が1万8894メートルと求められました。音響測深機で測定した水深は1万9933メートルでしたから、それぞれ±20メートルほどの誤差を見込めば、両者はおおむね一致しているといえるでしょう。

深さ（m）	水圧（デシバール）	現場水温（℃）	ポテンシャル水温（℃）	塩分	溶存酸素（mL/L）	ケイ酸塩（μmol/L）	リン酸塩（μmol/L）	硝酸塩（μmol/L）
5755	5861	1.561	1.015	34.698	4.04	140	2.22	35.2
6056	6171	1.597	1.008	34.698	4.03	140	2.20	35.4
6356	6481	1.640	1.007	34.698	4.06	139	2.21	35.1
6657	6793	1.688	1.009	34.700	4.07	139		35.3
6956	7103	1.732	1.006	34.699	4.07	139	2.33	35.0
10889	11212	2.460	1.011	34.699	4.07	139	2.23	35.2
10892	11215	2.462	1.012	34.699	4.06	139	2.23	34.8

表7−1：チャレンジャー海淵の海水の化学組成（Mantyla and Reid (1978) より）

チャレンジャー海淵の海底直上から初めて得られた貴重な海水試料は、慎重に化学分析がなされました。その結果を表7－1に示します。

表中にあるポテンシャル水温とは、第1章でも説明したとおり、水圧による昇温を理論計算によって除いた水温です。海中では深さが増すほど水圧が強まり、水温を上昇させます（断熱圧縮による昇温効果です）。ポテンシャル水温に換算することで水圧の影響が取り除かれ、その海水が1気圧下で示す水温が求められます。

表7－1から明らかなように、水深1万889〜1万892メートルの海溝底から採取された海水の塩分、溶存酸素、および栄養塩（ケイ酸塩、リン酸塩、硝酸塩）はいずれも、水深6056〜6956メートルの、海溝の上端付近の海水の値とほとんど同じであることがわかりました。すなわち、両者は上下によく

混ざっていることになります。

ポテンシャル水温のみ、海溝底でわずかに高くなっていますが、これは、海底から放出される地殻熱の影響と考えられます。

この観測が行われるまで、海溝内の海水については、さまざまな憶測がありました。長期にわたってよどんだ状態にあるとすれば、酸素は使い尽くされて無酸素状態になっているだろうと考える研究者もいました。しかし、実際に採取した海水を化学分析することによって、海溝内の海水が豊富に酸素を含んでいること、海溝の内部とその外側とのあいだで海水の入れ替わりが活発に起こり、海溝の外側の深層水から酸素が補給されていることがはっきりわかったのです。

7-4 水深1万メートルの超深海に潮汐流が存在していた!

それでは、海溝内で海水はどの方向に、どんな速さで動いているのでしょうか。

海水の動きを調べるための「流向流速計」という機器があります。これを長期間（たとえば1年間程度)、海中や海底に設置して、海水の流れの連続記録をとるのです。

1995年8月、東京大学海洋研究所の平啓介教授に率いられた海洋物理学の研究グループは、研究船「白鳳丸」でマリアナ海溝チャレンジャー海淵を訪れました。彼らの目的は、まだ誰も測定したことのない、海溝底における海水の流れを明らかにすることでした。

その頃、深さ1万メートルの超深海で使用できるような流向流速計はどこにもありませんでした。そこで平グループは、機器の製作から手をつけました。６０００メートルまでしか使用できないノルウェー製の流向流速計と国産の音響切り離し装置をメーカーの協力を得て改良し、かつ、１万２０００メートルに耐えられるチタン合金製の耐圧容器を新たに製作したのです。手始めに、水深９２０５メートルの伊豆・小笠原海溝で観測を行ってみたところ、良好なデータを得ることができました。

そこでいよいよ本番です。深さ１万９１５メートルのチャレンジャー海淵の海底に、流向流速計３台と、観測終了後におもりを切り離して観測機器を浮上させるための音響切り離し装置が設置されました。このときの係留系の概略を図７－２に示します。

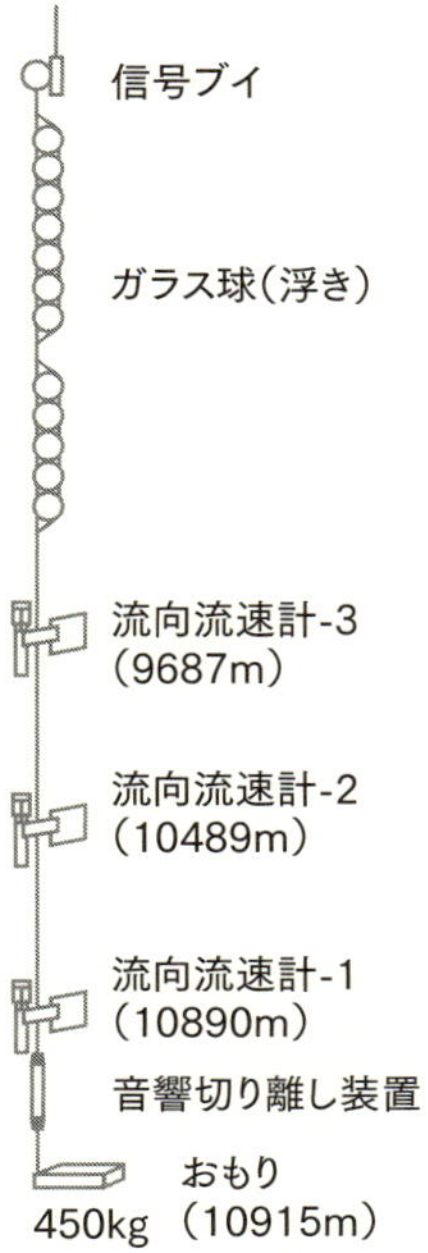

図7−2：チャレンジャー海淵に設置された流向流速計の係留系（平(1987)の図を改変）

設置から１年以上が経

過した翌1996年の10月、同一地点に戻った平グループは、海中に向かっておもりを切り離す音響信号を送り、この係留系一式を無事に海面まで浮上させたのです。

流向流速計からデータが読み出され、チャレンジャー海淵における底層流の特徴が初めて解明されました。潮汐流が存在すること、西向きの流れがやや上回っていること、流速は全般に弱いものの、最大流速は秒速8・1センチメートルに達することなど、多くの知見が得られました。

じつは、平グループではこの快挙に先立ち、研究船からチャレンジャー海淵の海底まで、観測機器をワイヤーで吊って降下させることにも初めて挑み、海溝内の水温・塩分の鉛直連続分布を明らかにすることにも成功しています。以下に、その話を続けます。

7-5 チャレンジャー海淵の海水の性質を深さごとに調べる

海水の水温は一般に、深さとともに低下していきます。第1章で述べたように、太平洋における赤道付近の熱帯の海で、表面水温が30℃くらいあったとしても、その直下5000〜6000メートルの深海の水温は1℃程度しかありません。太平洋の底層を、南極海起源の冷たい海水＝南極底層水が北上しているためです。

チャレンジャー海淵の海底付近の水温や塩分については、7-3節で述べたようにマンチラーとリードによる測定データがあります（225ページ表７－１参照）。しかし、それは海溝底のみで測定されたデータであり、海溝内のさまざまな深さで、どんな鉛直分布をしているかは、まだ誰も知りませんでした。

平らは、前節で述べた超深海仕様の流向流速計に続き、水深１万２０００メートルまで使用できる「ＣＴＤ装置」を製作してくれるよう、米国のメーカーに依頼しました。ＣＴＤ装置とは、塩分の計算に用いる電気伝導度（Conductivity：C）、温度（Temperature：T）、および深度（Depth：D）をそれぞれ、センサーで計測できる装置を指します。

ＣＴＤの標準品は通常、深さ６５００メートル程度までの耐圧能力しか備えていないのですが、そのメーカーでは、チタン合金製耐圧容器を用いた1万２０００メートル仕様の特別品を、社長の心意気で標準品価格で製作してくれたのだそうです。

ちょうどその頃、１９８９年に就航した2代目の白鳳丸には、超深海観測が行えるようにと、長さ1万２０００メートルのチタン合金製アーマードケーブル（金属で被覆した電線）が装備されました。チタンケーブルは、従来のスチール製のケーブルと比べてずっと軽量なので（チタンの比重は鉄の57パーセント）、安全に1万メートル以上降下させることができます。

アーマードケーブルの先端に特注のＣＴＤを取りつけ、海溝底まで吊り下げれば、各センサーが取得した海水のデータは即時、ケーブルを通じて船上の実験室に送られ、フルデプスの鉛直分

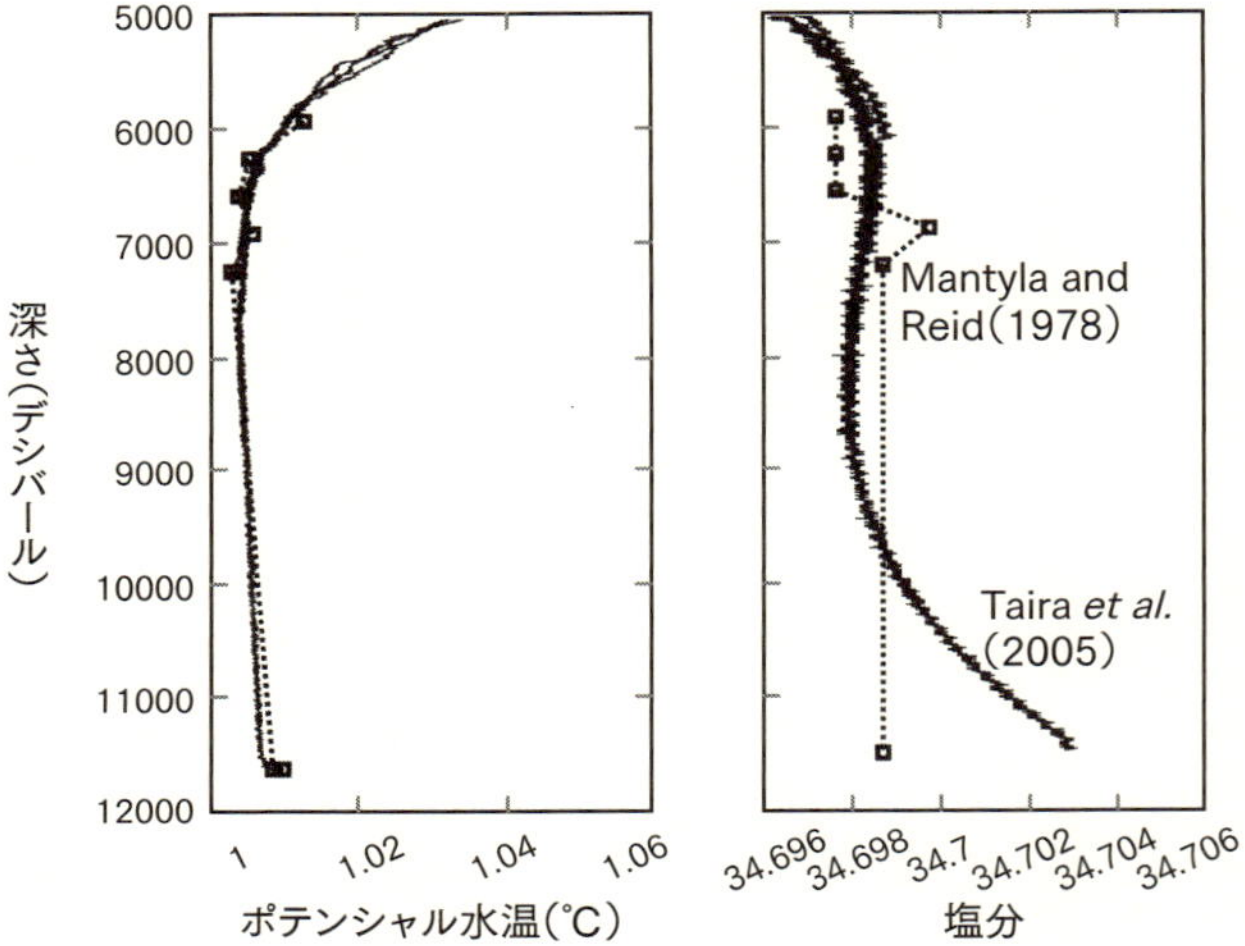

図7−3：チャレンジャー海淵で測定された水温と塩分の連続鉛直分布
（Taira *et al.*（2005）の図を改変）

布を得ることができるのです。

１９９２年12月、白鳳丸に乗船した平グループは、チャレンジャー海淵（北緯11度23分、東経１４２度35分）において、深さ１万８７７メートルの海溝底直上までＣＴＤ装置を降下させ、みごとに世界初の観測を成し遂げました。

図７－３に、そのとき得られたポテンシャル水温と塩分の連続鉛直分布を示します。比較のため、マンチラーとリードによる測定結果（表７－１）も、図中に□印でプロットしています。

両者を比べてみると、海溝底のポテンシャル水温はよく合っています。海溝内の水温分布はほぼまっすぐですが、海底に向かってごくわずかに増加することもわかりました。一方、海溝底付近の塩分は、両者にわずかな違いが認められます。海溝内の海水が、力学的に安定であるためには、海底に近づくほど密度が高く（重く）なければなりません。そのためには、深さとともに水温が減少するか、あるいは塩分が増加する必要があります。この点から見て、平グループによる塩分データは海溝底に向かって増加しており、理に適っています。

その後、２００８年にはＪＡＭＳＴＥＣのフルデプスＲＯＶ「ＡＢＩＳＭＯ」が、チャレンジャー海淵に潜航しました。このときも、深さ９０００メートルから下で塩分がわずかに増加したことが報告されています（Nunoura *et al.,* 2015）。

7-6 超深海にも豊富な酸素が——南極海から届けられた贈り物

水温や塩分、流速など、海溝内の物理学的なパラメーターだけでなく、海溝水に含まれる化学成分の濃度分布も、超深海を特徴づける重要な手がかりを与えてくれます。

チャレンジャー海淵の超深海水は、前節の末尾で述べた２００８年のＡＢＩＳＭＯ潜航で、同機に装着した採水器によって採取されました。マンチラーとリードによる採取から32年ぶりのことです。採水層の間隔は１０００メートルごとで、溶存酸素やpH、栄養塩（硝酸塩、リン酸塩）

が分析され、海溝内ではおおむね均一な分布が得られています。

チャレンジャー海淵とは場所が異なりますが、海溝内の海水をきわめて密に採取して、海水の化学的性質を詳しく調べた例があります。海洋化学の研究グループによって、伊豆・小笠原海溝のほぼ最深点（北緯29度、東経１４３度、深さ約９８００メートル）で行われた研究です。

ぼくは白鳳丸に乗船し、１９８４年と１９９４年の2回、この観測点を訪れました。

１９８４年の調査を行ったときは、初代の白鳳丸だったので、前節で述べた長さ1万２０００メートルのチタンワイヤーはまだありませんでした。しかし、初代白鳳丸には、フルデプスの海底から堆積物や生物試料が採取できるよう、長さ1万４０００メートルものスチール製のワイヤーが装備されていました。ワイヤー自体の重量を減らすために末端に向かうほど細くし、逆に根元は太くすることで強い張力に耐えられるようにした、特別製のワイヤーです。太すぎて扱いづらいので、それ以前にふつうの採水に使用することはありませんでした。

ぼくらはこの慣例を破って、このワイヤーに十数台の採水器を２５０メートルおきに取りつけ、９８００メートルの海溝底まで降ろしたのです。ワイヤーが頑丈なので、たくさんの採水器を密に取りつけることができました。得られた海水の塩分、溶存酸素、栄養塩などが船上ですぐに分析され、また、持ち帰った試料中の金属元素や放射性核種が、陸上の研究室で詳しく分析されました。

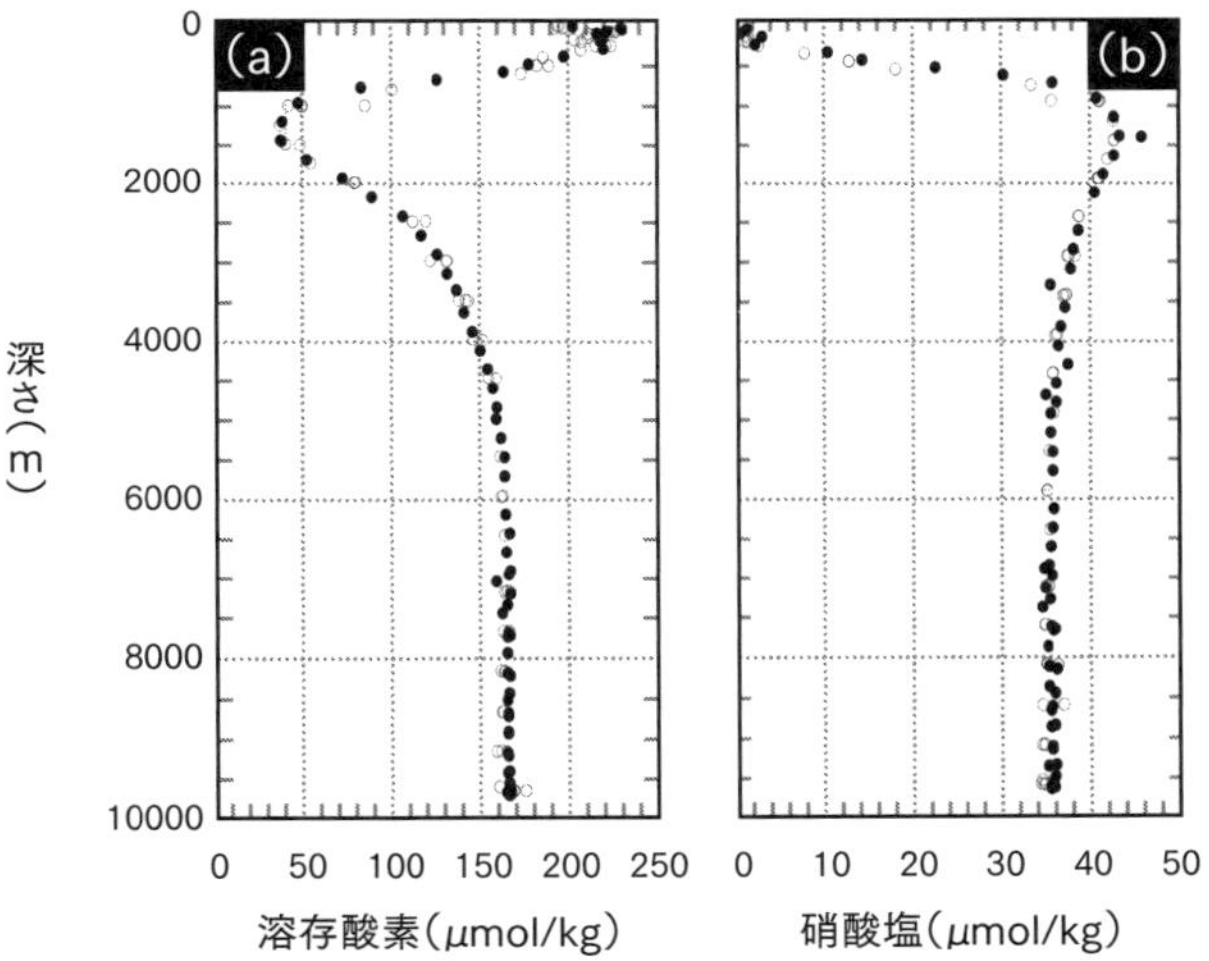

図7-4：伊豆・小笠原海溝(深さ 9800 m)において、1984年と 1994年に観測された溶存酸素(a)と硝酸塩(b)の濃度分布　●が 1984年の、○が 1994年の値。(Gamo and Shitashima (2018)より)

いったい、どんなデータが得られたでしょうか。

図7-4に示したのは、溶存酸素と硝酸塩の濃度分布です。1984年のデータ(●印)と1994年のデータ(○印)を重ねて示しています。

深さ約6000メートルより下の海溝内では、両者ともきれいにまっすぐです。ここには示していませんが、リン酸塩も同じく均一な分布でした。そして、これら均一な値は、海溝のすぐ外側の深さ6000メートルの底層水の値とほとんど同じでした。

これらの化学データから、海溝の内部で海水が上下によくかき混ぜられていることがわかります。海溝内では、

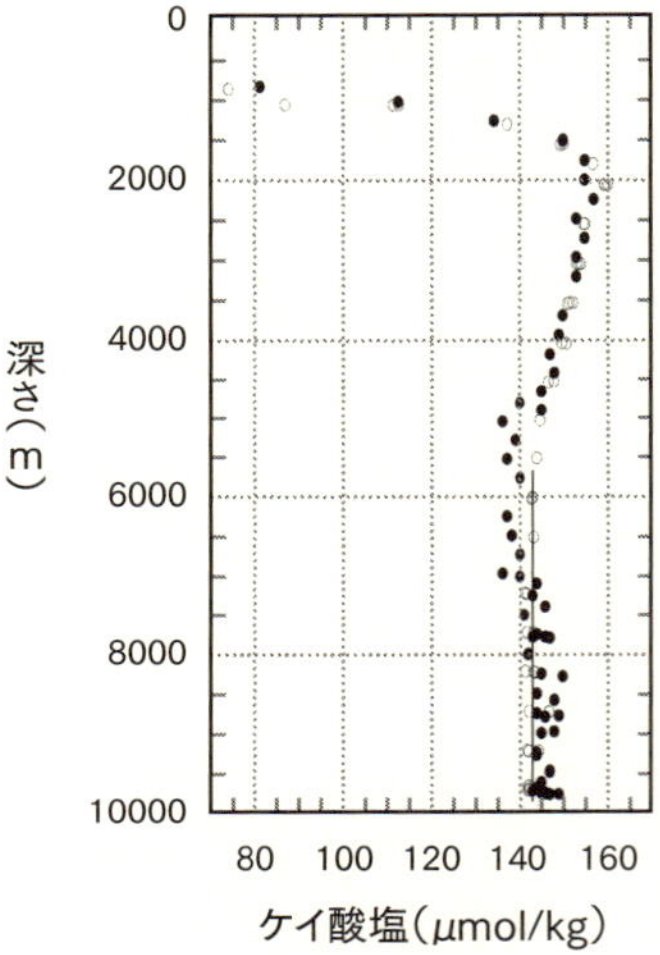

図7−5：伊豆・小笠原海溝（深さ9800 m）において、1984年と1994年に観測されたケイ酸塩の濃度分布　●が1984年の、○が1994年の値。（Gamo and Shitashima (2018)より）

1−5節で述べた乱流混合が特に活発なのかもしれません。さらに、海溝水が豊富に酸素を含んでいることから、海溝の内部と海溝の外側とで、海水の入れ替わりがひんぱんに起こっていることもわかります。

23ページ図1−4に示したように、酸素を豊富に含んだ南極海からの南極底層水が西太平洋を北上していきます。マリアナ海溝や伊豆・小笠原海溝の超深海水に酸素を補給できるのは、この南極底層水しかありません。

海溝水中に含まれるラジウムやトリウムなどの放射性核種の分布を解析することからも、伊豆・小笠原海溝では、確かに5年程度の短い時間スケールで海溝水が上下に入れ替わっていることがわかりました（Nozaki *et al.*, 1998）。

ところで、栄養塩のうちケイ酸塩（Si）の濃度分布からは、奇妙なことが見つかりました。図

７－５に示したように、１９９４年（○印）は、海溝内で均一な直線状の分布でしたが、10年前の１９８４年（●印）には、深さとともに、わずかですが増加していたのです。

７－７ 海溝内部の海水の性質を変えるものは何か？——容疑者は地震!?

海溝水が5年程度で入れ替わっているのならば、10年のあいだにケイ酸塩の濃度分布の形が変わってもふしぎはありません。おそらく１９９４年の均一な分布が平常時のもので、１９８４年の傾斜した分布は、なんらかの特別な現象を反映している可能性があります。

海底に向かって濃度が増加するのは、どのような場合でしょうか。

可能性の一つとして、海溝底や海溝壁からケイ酸塩が供給されることが考えられます。一般的な傾向として、プレート沈み込み帯の海底堆積物に含まれている水（間隙水）は、海底直上水の数倍以上に及ぶ高濃度のケイ酸塩を含むことが知られています（伊豆・小笠原海溝の海底間隙水についてては、残念ながらまだデータがありません）。

海底面でなんらかの異変が起こり、間隙水が大量に滲み出していたのならば、１９８４年のケイ酸塩の分布異常を説明できるかもしれません。そのような異変として最も考えやすいのが、海底での大規模地殻変動、すなわち、地震です。

最近の例として、2011年3月11日に発生した東北地方太平洋沖地震(3・11地震)の直後(36日後)に、震源に近い日本海溝の海水が調査されています。日本列島に近い側の海溝斜面(深さ3000〜5800メートル)付近では、海水が著しく濁り、高濃度のマンガンやメタンガス、さらには地球深部に由来するヘリウムガスが検出されました。海底堆積物中の間隙水が、地震断層を通って絞り出されたためと考えられます(Kawagucci *et al.*, 2012; Sano *et al.*, 2014)。

伊豆・小笠原海溝の観測点に近い、小笠原諸島の父島や母島には、気象庁の地震計が設置されています。そこで、1984年と1994年のそれぞれについて、観測日を遡る1年間、父島と母島で感知された海底地震の記録を、気象庁のウェブサイトで調べてみました。

図7-6が、その結果です。

1984年については、マグニチュード5・9〜7・6の比較的強い地震が4回発生しています(父島での震度2〜4)。一方の1994年にも、やはり4回の地震が発生していますが、いずれもマグニチュード5・0以下の弱いものです(父島での震度1〜2)。

この図では、地震の規模を円の大きさ(点線)で定性的に示しています。円の中心が震央です。1984年のほうが、観測点の近海における地震活動がやや活発だったといえそうです。

そして、1984年の観測では、もう一つ気になるデータが得られました。海溝水に含まれる鉄とマンガンの濃度分布です。海溝底に近づくほど、濃度がいずれも30〜50パーセント程度、増

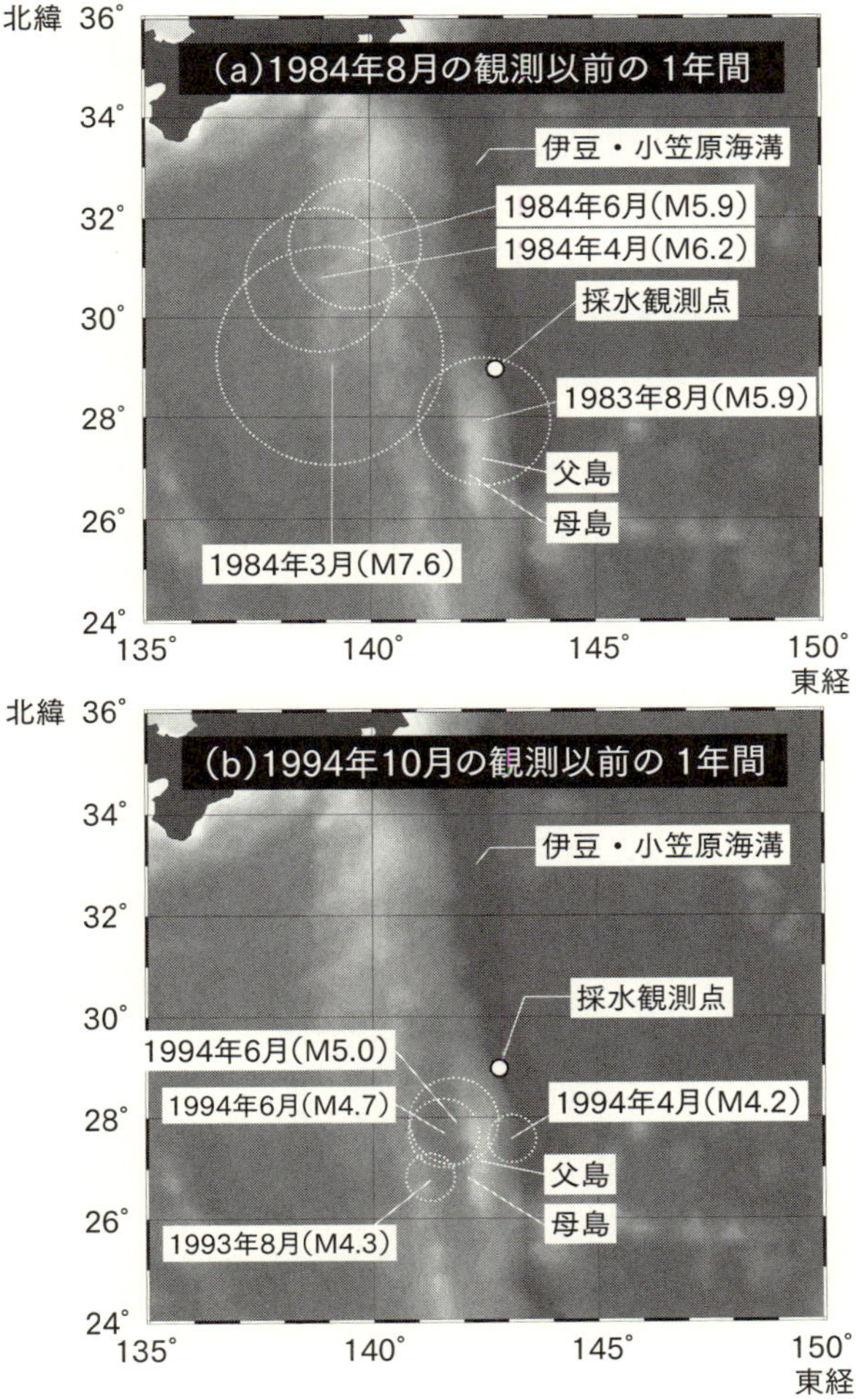

図7–6：東京・小笠原村で感知された海底地震の記録　(a)1984年8月以前の1年間と、(b)1994年10月以前の1年間(気象庁のウェブサイトより)

加しているのです。一方、1994年のデータには、このような傾向は見られません。

鉄とマンガンは、深海底での大規模地殻変動と関わりが深い元素として、たびたび注目されてきました。1994年10月に千島海溝で発生した北海道東方沖地震（マグニチュード8・2）の10日後に、その震央から約400キロメートル南にある日本海溝（深さ7500メートル）の海底直上で、鉄、マンガンとも濃度が数十倍に増加していたことがあります。3・11地震の直後にも、海底直上の数百メートルにわたって、通常より数倍高いマンガン濃度が検出されました。

伊豆・小笠原海溝の超深海水に見られたケイ酸塩、鉄およびマンガン分布の謎は、将来の研究によってぜひ解き明かしてほしい問題です。ほんとうに海底の地殻変動が原因なのかどうか、今後、海溝堆積物の間隙水の化学組成を詳しく調べ、また、海溝内での海水や堆積物の調査を繰り返し行うなど、フルデプスの時系列データを蓄積し、検証することが望まれます。

7-8 「海溝底は死の世界」は間違いだった

海溝底のような超深海の堆積物中にも、小型の生物や微生物が棲んでいます。光のまったく届かない超深海では、光合成反応が起こりません。そのような暗黒の世界で生きる生物の多くは、命をつないでいくためのエネルギーを、海洋表層から沈降してくる有機物に頼っています。海洋表層で繁茂する光合成生態系からこぼれ落ちた有機物は、「マリンスノー」として深海に向かって落下します。その到着を、辛抱強く待っているのです。

海洋表層で暮らす生物の死骸や、その排泄物からなるマリンスノーは、深海へと向かう降下中にも、浅い海水中の微生物によってどんどん分解されていきます。分解を免れて、深さ１万メートル以上の海溝底まで到達できるのは、ごくわずかにすぎません。したがって、海溝底での生命活動は、深海底の中で最も貧弱であろうと考えられてきました。

ところが、どうやらそうとは限らないことが、最近になってわかってきました。

海底付近の堆積物中に、生物が多いか少ないかを評価するバロメーターとして、海底堆積物中の酸素ガスが有効です。ふつうの生物は、呼吸のために酸素を消費します。海溝底の海水がかなりの酸素を含んでいることはすでに見てきたとおりですが（233ページ図７－４参照）、その酸素が、海底堆積物中に滲み込むことで、生物の呼吸に利用されています。そこで、堆積物中の酸素の減り方が多いか少ないかを見れば、生物活動の規模がわかるというわけです。

ＪＡＭＳＴＥＣの小栗一将博士と北里洋博士は、デンマークや英国の研究者と共同で、特殊な酸素センサーを海底堆積物に突き刺して、堆積物中の酸素濃度の分布を調べました。深さが１万800メートルを超えるチャレンジャー海淵と、その外側の深さ6000メートル程度の深海底の両方で同じ観測を行い、結果を比較したのです。

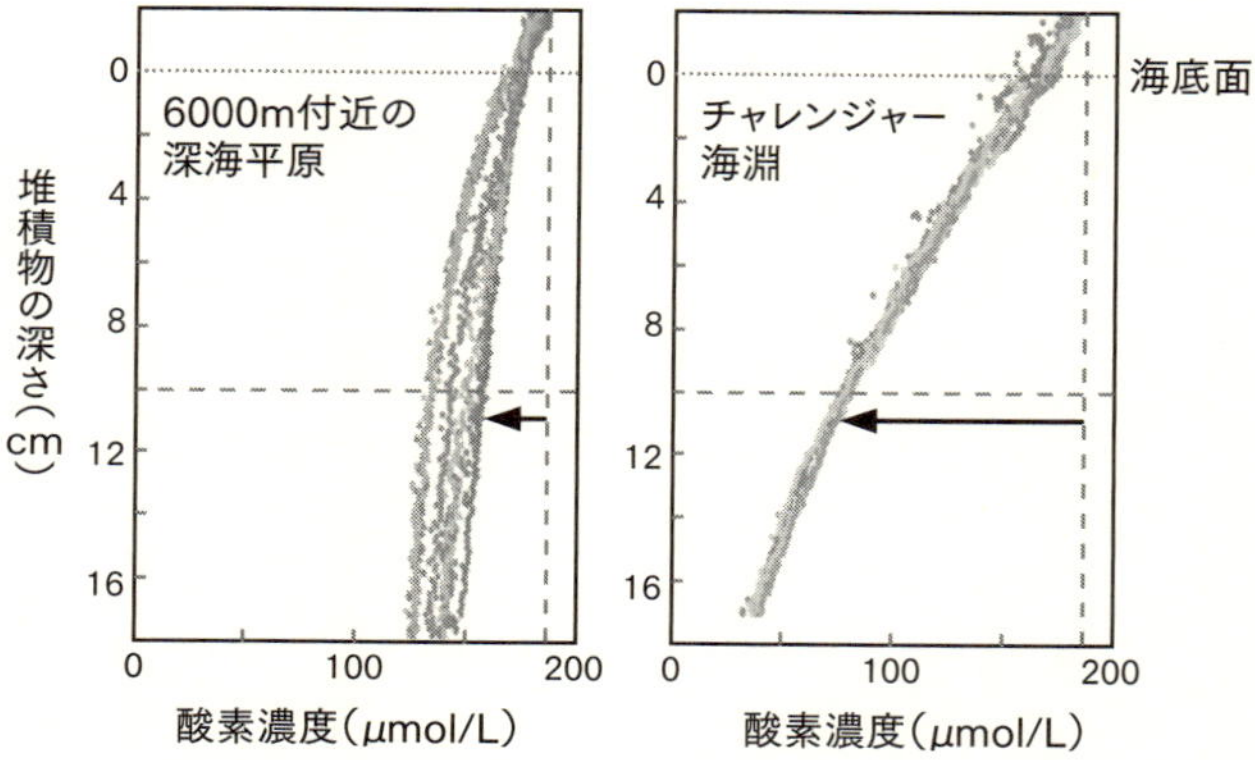

図7－7：海底堆積物中の酸素濃度分布を、深さ約6000mの深海平原(数点)とチャレンジャー海淵とで比較したもの(Glud *et al.* (2013)の図を改変)

ふつうに考えれば、生物がより多くいそうな深さ6000メートルの深海底のほうが、深さとともに酸素の減り方が大きくなるような気がします。

ところが、得られた結果は逆でした（図7－7）。チャレンジャー海淵のほうが、堆積物中でより活発に酸素が使われていたのです。海底面から10センチメートル下の堆積物中のデータを比べると、海溝では酸素がほぼ半分まで減っていますが、深さ6000メートルの海底では2割程度しか消費されていません。意外にも、海溝底のほうが生物活動は活発であることを示しているのです。これはいったい、なぜなのでしょうか？

その謎を解くカギは、V字形をした海溝の断面地形にありそうです。海溝の両側の傾斜面に落ちたマリンスノーは、斜面を転がり落ちて、海溝の

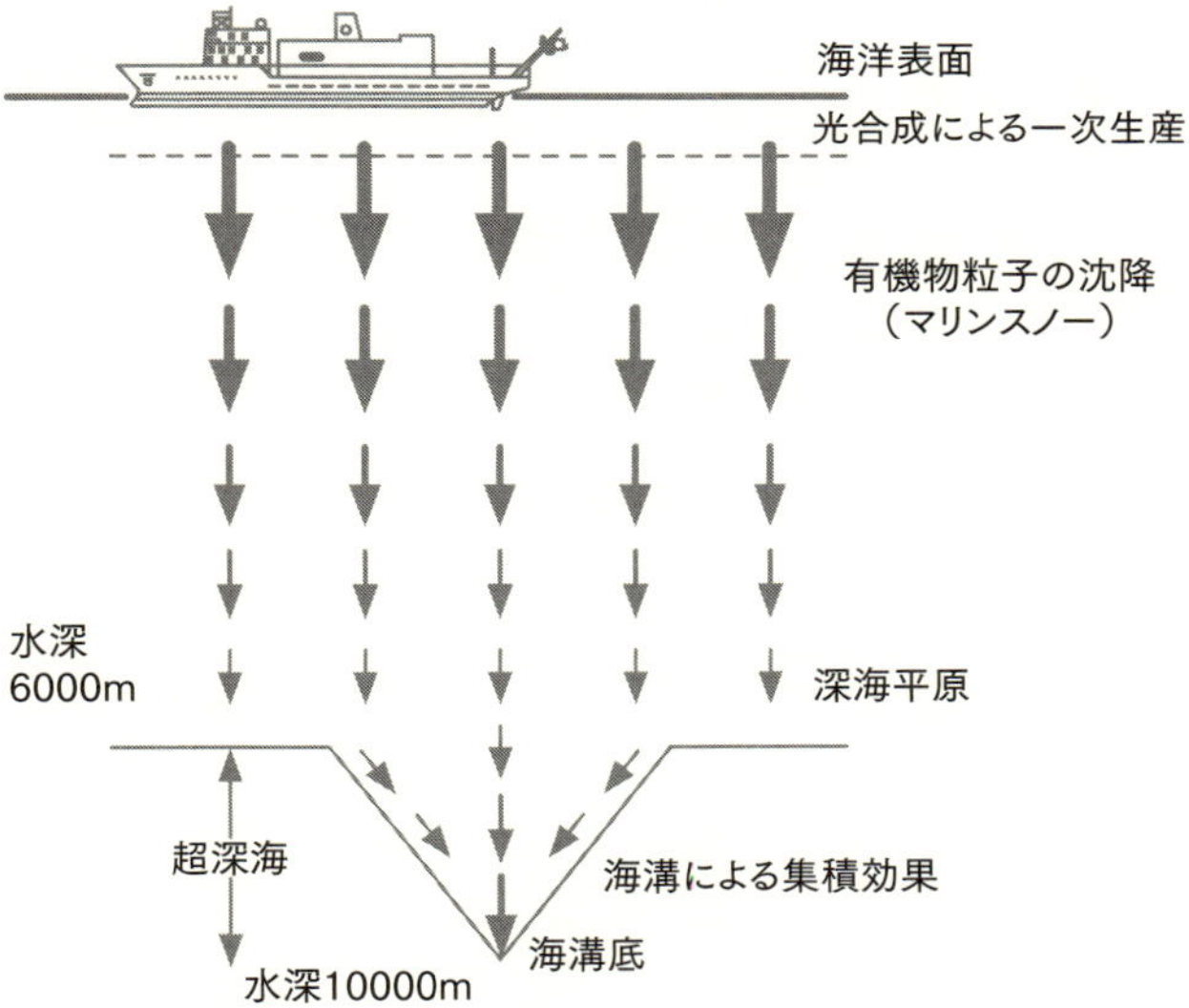

図7－8：海溝地形による沈降粒子の集積効果　矢印の太さや長さは、ごく定性的なイメージ

底へと運ばれやすいのです。海溝の凹みが、図7－8に示したように、ちょうど漏斗《ろうと》か、あるいは蟻地獄のように作用するのです。

実際に、両地点の堆積物を採取して分析してみると、海溝底の堆積物のほうが、有機物の濃度や微生物の生息密度が数倍高いことが確認されました。

深さ1万メートルという海溝底が、食物の少ない、厳しい環境であることに変わりはありません。しかしそこは、生命活動に最も不向きな絶境というわけでは決してなく、深海底の中では、むしろ食物に恵まれた場所らしいことがわかってきたのです。

7-9 超深海に棲む生物の姿をどう捉えるか?

深海から超深海にかけての、真っ暗な海の中を遊泳したり、あるいは海溝底を這い回ったりする生物については、まだ断片的なことしかわかっていません。

20世紀の中頃、7-1節で紹介したデンマークの観測船「ガラテア号」や、同じ時期に、やはり世界をめぐる大航海を実施した旧ソ連の観測船「ビチャーシ号」は、水深6000~1万メートルの海溝底でトロール網を曳《ひ》き、多くの底生生物を研究のため採取しました。これらの試料は、魚から節足動物、棘皮《きょくひ》動物、巻き貝にいたるまで多岐にわたっており、超深海生物学に大きな進展をもたらしました。

しかし、両船が行ったようなトロール採取は、現場を見ながら行うわけではなく、また、引き上げられた網の中の生物は、たいてい死んでいます。超深海の現場がどんな環境であり、これら生物がどのように動き回っているのかといった、具体的な情報を得ることはできません。

超深海を回遊する魚を映像として捉え、なおかつ採取することができれば、超深海に実際にその魚が棲んでいたことの動かぬ証拠となり、研究対象として活用することができます。

ところが超深海は、とにかく餌の量が絶対的に少ないため、生物の生息密度が非常に低い世界です。やみくもに海中にカメラを降ろして撮影したり、しんかい６５００のような潜水船で深海を動き回ったりしても、大型生物とめぐりあう確率はたいへん低いことが、これまでの経験からわかっています。

それでは、海底に網カゴを置き、その中に餌をしかけておびき寄せる作戦はどうでしょうか。近くに魚がいれば、餌に誘われて近づいてくるでしょう。カゴの内部にカメラを装着しておけば、彼らが泳ぐ姿も撮影できるはずです。このようなアイディアを実践した試みについて、以下にご紹介します。

7-10 深海魚を捕獲するための〝罠〟

１９８１〜１９８２年にかけて、東京大学海洋研究所の堀部純男教授によって、自動浮上式深海試料採取装置（別名「Fish Trap」、以下トラップとよびます）が開発されました。

財団法人原子力環境整備センターの委託を受けて行われたこの研究の目的は、深海の魚類を採取して、その化学組成や放射性核種の体内含有量を明らかにすることでした。トラップに搭載する深海カメラや音響切り離し装置などの水中機器は、耐圧能力が６０００メートルまでだったた

図7－9：自動浮上式深海試料採取装置「Fish Trap」（1981年、筆者撮影）

め、海溝底には届きませんでしたが、最深で6160メートルの海底から魚を採取でき、係留式魚類捕獲の技術が確立されました。

魚釣りに象徴されるように、水中を泳ぎ回る魚をなんとかして捕らえたいと考えるのは、人間の本能的な欲求なのでしょう。当時、堀部研究室に所属していたぼくにとっても、これはたいへん面白い観測実験でした。3回の航海で船上作業のお手伝いをしたその頃のことを思い出しながら、このトラップ実験の概要をご紹介します。

魚を捕らえる網カゴ（図7－9）は、3・0メートル×1・5メートル×1・5メートルのかまぼこ型です。両サイドに魚の入り口があり、その先にいったん入った魚を逃げにくくする「返し」がついています。カゴの内部には、餌としてイワシやサバの切り身を吊るします。カゴの天井付近には、内部を自動撮影する深海カメラと深海ストロボが固定されており、カゴのほぼ中央には、船上からの音響信号によって、おもりを外すための音響切り離し装置が備えられています。

海底に設置する際には、網カゴのてっぺんに長いナイロンロープをつなぎ、カゴを浮上させるために十分な数の「浮き」（ガラス玉）をロープに取りつけます。そして、おもりをつけた装置全体を海中に投入し、海底まで自由落下させます。１～２日後、音響信号を送っておもりを切り離すと、浮力が勝った網カゴが浮上してくるので、それを見つけて回収するのです。

まずは、深さ１４００メートルの相模湾で小手調べです。20時間の海底設置で、カニやアナゴがそれぞれ約２００匹も入る大漁でした。気をよくしたぼくたちは、次に千葉・犬吠埼の東方約１２０キロメートルの、水深４１００メートルの深海にトラップをしかけました。38時間の設置で、体長40～99センチメートルのシンカイヨロイダラ（ソコダラの一種）21尾と、小型の端脚類60尾が採取されました。

２回のテストを経て、いよいよ本番です。

伊豆・小笠原海溝のすぐ東（北緯30度、東経１４７度）、深さ６１６０メートルの深海底に43時間、トラップを設置しました。ここでも、シンカイヨロイダラが18尾とれました。体長は36～52センチメートルと、水深４１００メートルで採取されたものよりやや小ぶりでしたが、研究試料としては十分でした。図７－10は、深海カメラによって撮影された、シンカイヨロイダラの泳ぐ姿です。

図7−10：水深6160mの自動浮上式深海試料採取装置内を遊泳するシンカイヨロイダラ（堀部（1983）より）

7-11 超深海魚とトリエステ号の意外な共通点──彼らはなぜ、潰れないのか？

トラップ実験の成功は、深海生物学者の注目を集めました。その後、さらに耐圧性能を向上させた同様のシステムが、超深海における生物の生態調査や捕獲に応用されています。

２００６年から２０１１年にかけて、東京大学海洋研究所は日本財団の援助を受け、超深海研究「ＨＡＤＥＥＰ：Hadal Environmental science/Education Program」（新世紀を拓く深海科学リーダーシッププログラム）を、英国・アバディーン大学と共同で実施しました。

ＨＡＤＥＥＰ計画の一環として、アバディーン大学で開発された超深海設置型観察システム「超深海ランダー」が、２００８年に日本海溝の海底、水深７７０

図7−11：超深海ランダー（HADEEP計画のウェブサイトの写真に加筆）

３メートルの地点に設置されました（図７−11）。すると、鱗のない白っぽい魚が、餌のまわりに群がり泳ぐようすが、ビデオカメラによって記録されました（図７−12）。

体長７〜20センチメートルほどのこの魚はシンカイクサウオまたはチヒロクサウオとよばれる超深海魚で、おたまじゃくしのような形状をしています。以前にも、同じく日本海溝の水深７５００メートルの海底で泳ぐシンカイクサウオが撮影され、採取もされています（太田、２００５）。

ところで、シンカイクサウオはなぜ、おたまじゃくしのような体型をしているのでしょうか？

じつは、肝臓が油でふくれあがっているためなのです。意外にもそこには、人類が開発した潜水船と共通する理由が潜んでいました。なんのことか、おわかりですか？

彼らが棲息する7500メートルの超深海には、750気圧に相当するきわめて高い水圧がかかっています。それは、1平方センチメートルあたり750キログラムがのしかかるという猛烈な圧力です。そのような超深海の世界では、海洋表層に暮らす魚たちが用いている浮き袋はあっという間に潰れてしまい、なんの役にも立ちません。シンカイクサウオは、超深海中を浮かんで泳ぐために、肝臓に油をためているのです。

これは、浮き上がるためにガソリンタンクを備えたトリエステ号とよく似ていませんか。科学者が知恵を絞って編み出した方法を、超深海に暮らす生き物が実践していたとは、とても面白いですね。それだけ、理に適ったやり方だという証拠でもあります。

図7-12：日本海溝の水深7703m地点で餌に群がるクサウオ類（HADEEP計画のウェブサイトより）

HADEEP計画では、ニュージーランドとの共同により、南太平洋でも同様の調査を2009年に行いました。ケルマデック海溝の水深7561メートルで、かつてガラテア号が採取したことのある別種のクサウオの泳ぐ姿を捉えました。

そして、太平洋の最深部であるマリアナ海溝にも、シンカイクサウオがいます。2014年に実施されたアバディーン大学とハワイ大学との共同調査では水深8145メートルで、2017年4月の中国科学院による報告では深さ8152メートルで、さらには同年5月にJAMSTECとNHKが実施した観測では深さ8178メートルで、それぞれ泳ぐ姿が撮影されています。

このときのシンカイクサウオの映像は、2017年8月にNHKスペシャル「ディープオーシャン——超深海　地球最深（フルデプス）への挑戦」として放映され、また、同時期に東京・上野の国立科学博物館で開催された特別展「深海2017」でも紹介されていましたので、ご覧になった方も多いと思います。

それにしても、すさまじい水圧のかかる超深海を泳ぐシンカイヨロイダラやシンカイクサウオたち。思わず「君たち、すごいなぁ」と声をかけたくなりますね。

ところで、彼らが暮らす世界よりももっと深い、9000メートルや1万メートルの深度ではどうなのでしょうか。そこにも魚は生息しているのでしょうか？

7-12 超深海魚の生息限界は8200メートル？

高い水圧に対抗して生き抜いていかなければならない深海魚たちは、その体内になんらかの

「圧力調節物質」を備えているといわれます。いったい、どのような物質なのでしょうか？

いま注目されているのが、「ＴＭＡＯ（トリメチルアミン－Ｎ－オキシド）」という有機化合物です。化学式では（CH_3）$_3$NO（図7－13）。ＴＭＡＯは、深海魚に限らず、ほとんどの海産魚介類が体内で合成している物質のひとつで、水によく溶け、魚たちの体内と海水とのあいだの浸透圧の調節に寄与しています。ちなみに、腐敗した魚類の発する臭気の一因は、ＴＭＡＯが分解して生じるトリメチルアミン（（CH_3）$_3$N）です。

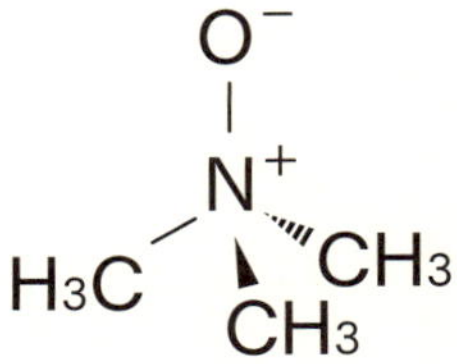

図7－13：「TMAO」（トリメチルアミン－N－オキシド）の分子構造

このＴＭＡＯが、深海魚が高い水圧から身を守るうえで、重要な役割を果たしていることがわかってきました。高い水圧によって水が魚の体内に侵入し、タンパク質を壊そうとしますが、ＴＭＡＯは、水分子がタンパク質内部に入るのを阻害し、同時にタンパク質を折りたたんで安定化させるはたらきを担っています。

実際に、いくつかの硬骨魚類の筋肉組織を分析してみたところ、生息深度の深い魚ほど、ＴＭＡＯをたくさん体内に保有していることが確認されています。

しかし、このＴＭＡＯによる圧力防御機能にも、限界があります。深さ８２００メートルくら

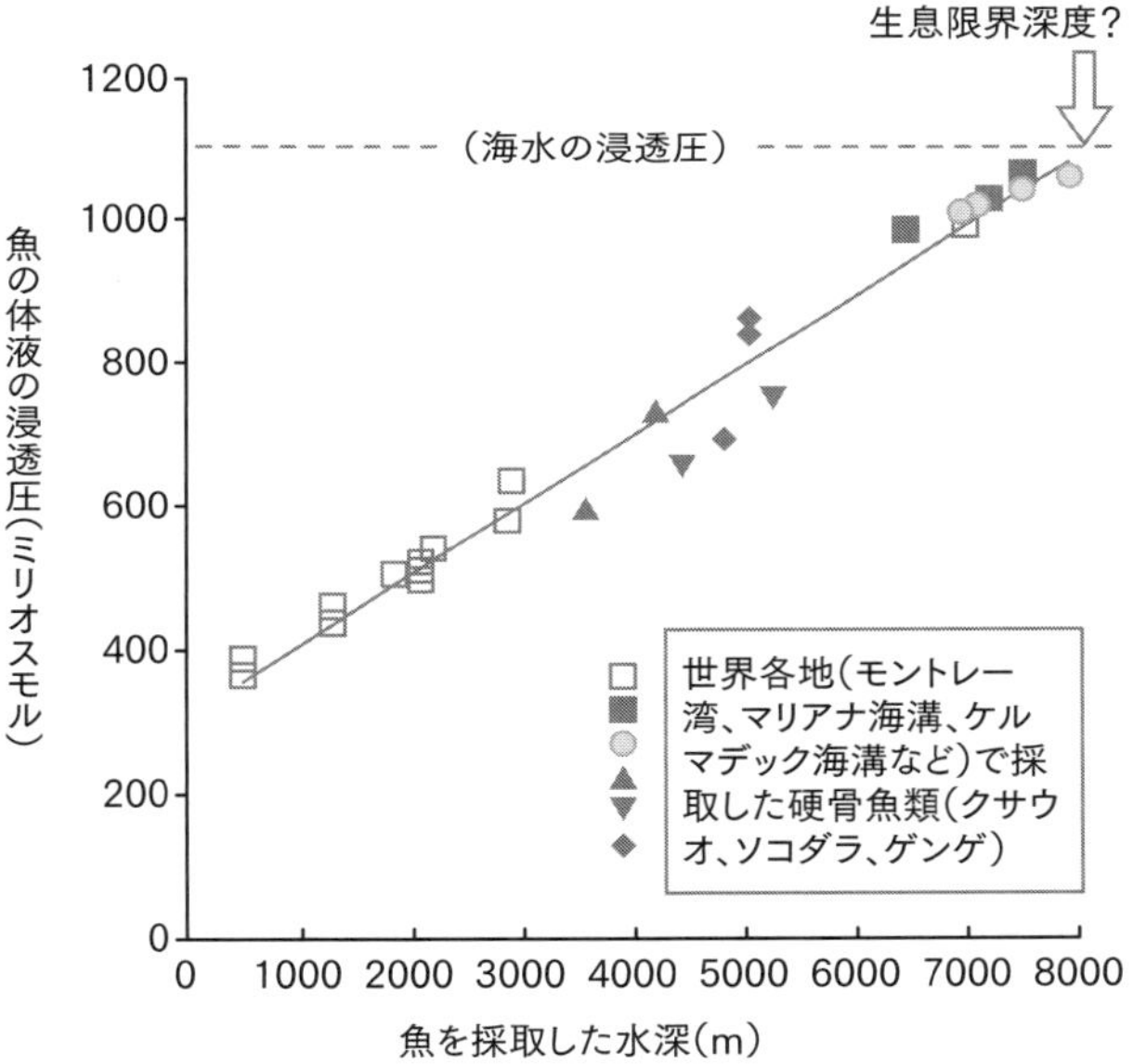

図7－14：さまざまな深度から採取された硬骨魚類の体液の浸透圧（オスモル濃度）と、生息深度との関係（Linley *et al.* (2016)の図を改変）

いがその境界線であろうと推測されています。その理由は、図7－14を見てください。

　TMAOの増加とともに、魚の体液の浸透圧は増加していき、深さ8200メートルあたりで海水の浸透圧と等しくなります。もしそれ以上TMAOを増やすと、魚の体内のほうが海水より浸透圧が高くなってしまい、魚は正常な生命活動（鰓《えら》や内臓による浸透圧の調節）を維持できなくなってしまいます。

　海に棲む魚の体液の浸透圧は、必ず海水の浸透圧より低くなければならないのです。

したがって、およそ8200メートル以深の超深海には、もはや魚は棲めないだろうと、多くの深海生物学者は考えています。

いや、ちょっと待ってください！

それでは、トリエステ号に乗船したジャック・ピカールとドン・ウォルシュが、1960年に深さ1万913メートルのチャレンジャー海淵で目撃した平たい魚とは、いったい何だったのでしょうか？（6－8節参照）事実なのか、それとも誤認なのか、たいへん気になりますね。今後の情報が待たれます。

7-13 1万メートル以深の海溝底にも人工汚染物質が……！

2017年2月、ショッキングなニュースが世界を駆けめぐりました。

英国・アバディーン大学のジェイミソン博士のグループが、西太平洋のマリアナ海溝とケルマデック海溝の水深1万メートルを超える海底から採取した端脚類（ヨコエビ）の体内から、高濃度のPOPsを検出したのです。1－8節で紹介したように、POPsは難分解性の有機汚染物質で、その100パーセントが人間由来です。

ジェイミソン博士らは、7－11節で述べた「超深海ランダー」に餌入りの小型トラップを装着し、マリアナ海溝の深度７８４１〜１万２５０メートルの超深海から、体長４〜５センチメートルのカイコウオオソコエビを（図７－15）、また、ケルマデック海溝の深さ７２２７〜１万メートルからも別のヨコエビ２種を捕獲しました。

これらのヨコエビを化学分析したところ、高濃度のＰＣＢｓ（ポリ塩化ビフェニル、37ページ図１－11参照）とＰＢＤＥｓ（ポリ臭化ジフェニルエーテル）が見つかったのです。いずれも、自然界には存在しない、すなわち、ぼくたち人類の営みによって生み出された正真正銘の人工物質です。驚くべきことに、１万メートル以深の超深海の世界にまで、人類の影響がすでに及んでいることが明らかになったのです。

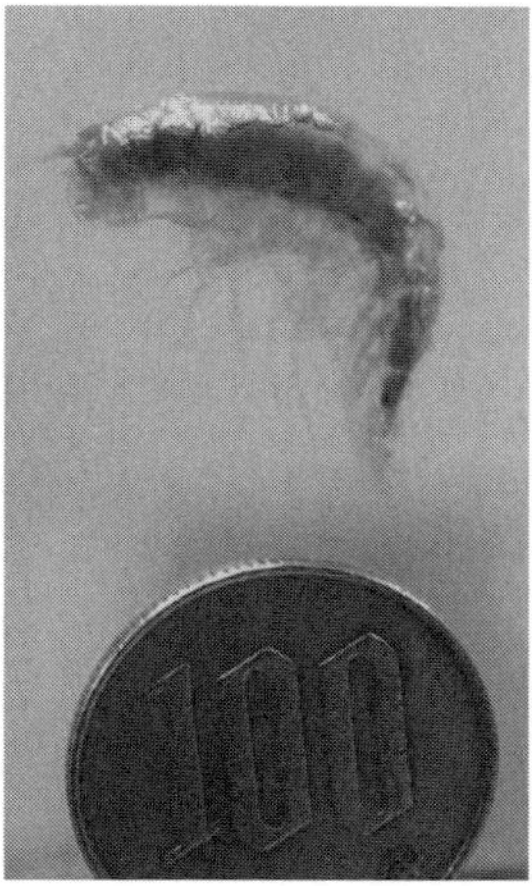

図7–15：「かいこう」がマリアナ海溝チャレンジャー海淵の水深1万900mの地点で採取したカイコウオオソコエビ　2006年２月14日に撮影された標本（写真提供：読売新聞/アフロ）

ＰＣＢｓは、１－８節でお話ししたように、ＰＯＰｓの中でも特に知名度（悪名）の高い有毒物質です。超深海に棲むヨコエビの乾燥検体に含まれていた主要な７種のＰＣＢの総量は、マリアナ海溝の６匹については１４７〜９０５ナノグラム（ng）／グラム（g）

（平均値＝382ng／g）、また、ケルマデック海溝の6匹については18～43ng／g（平均値＝25ng／g）でした。

これらの数字は、ただごとではない高レベルといわねばなりません。

7-14 世界1位の「超深海大国」として

なにしろ、工業地帯からの廃液に汚染された沿岸堆積物（乾燥試料）に含まれるPCBs濃度の最高値でさえ、米国（グアム）で314ng／g、日本で240ng／g、そしてオーストラリアで160ng／g程度なのです。マリアナ海溝のヨコエビに含まれていた382ng／gがいかに驚くべき数値であるか、実感していただけることと思います。

外洋域の、それも海表面から最も遠い超深海に生息している生物に、なぜこのように高濃度のPOPsが濃縮したのでしょうか？

1-9節でお話しした、海水中のプラスチックごみが気にかかります。超深海のヨコエビが、マイクロプラスチックを直接、誤食したのかどうかはわかりません。しかし、海洋の上層には、PCBsに汚染されたプラスチック（40ページ図1-12参照）を誤食したために、体内の脂質にPCBsを濃縮した生物がたくさんいます。その生物を別の生物が捕食すれば、食物連鎖によってＰＣＢｓはさらに濃縮されます。

そのようなＰＣＢｓに汚染された生物の遺骸の一部はマリンスノーとして、早ければ1ヵ月程度で深海底まで沈降するでしょう。そして、7－8節で述べたように、海溝斜面に降下した粒子は、海溝底へと集積されやすいのです（241ページ図7－8参照）。

超深海で生きるヨコエビたちは、生命活動に必要なエネルギーを獲得するために、海底に沈積したわずかな有機物を摂食していると思われます。その大切な食べ物に、大量のＰＣＢｓが含まれていたとしたら……？　その結果は、言わずもがなです。

太平洋のはるか超深海に暮らす生き物だけの問題と片づけることはできません。同じ脅威に、ふだん海産物を食べるぼくたち人類もさらされているのです。

ＰＯＰｓやプラスチックによる人為的な海洋汚染には、繰り返し警鐘が鳴らされてきました。深刻な汚染がすでに超深海底にまで及んでいることを、ぼくたちは重く受け止め、海洋の汚染防止に最善を尽くさなければいけません。

そして、「プロローグ」でもご紹介したとおり、わが国は世界1位の「超深海」大国です。超深海を探る科学と、それを保全する営み――。そのいずれにも、重要な役割を果たしていく必要があることを最後に強調して、本章を閉じたいと思います。

エピローグ

世界最大の広さを誇り、そしてまた、世界最深点をそのうちに秘める大海＝太平洋を、三次元の視点で眺めながら、ぼく自身の調査経験や知識の及ぶかぎりにおいて、これは重要と思われる話題を選んでご紹介しました。ここまでお読みくださったみなさんに、太平洋をより身近な、そしてより魅力的な存在として感じていただけたなら、筆者としてこれに勝る喜びはありません。

本書を書くことは、ぼくにとってたいへん楽しく、さまざまな「気づき」をもたらしてくれる経験でした。それは太平洋が、汲《く》めども尽きぬ興味の源泉だからだと思います。

第3章から第4章にわたって取り上げたホットスポット火山には、悠久の地球史を切り取って演じられるドラマを感じました。深い海の底で、あるとき始まる火山活動。長い時間をかけて山体が成長し、ついに海面上に姿を現して火山島となります。激しい噴煙や、噴出するマグマに彩られたその勇姿は、誰もを平伏させる威容に満ちています。

しかし、やがて栄華の時は過ぎ、噴火活動を停止した山体は、浸食を受け、サンゴ礁に覆われながら、海中にその身を没していきます。そして、深海底に聳え立つ威風堂々たる海山として、プレートに乗って移動を続けますが、やがてしずしずと海溝に沈み、その生涯を閉じます。

誕生からすでに数千万年が過ぎ、いわばホットスポット火山界の〝高貴なる高齢者〟として、わが国の東方海域に整然と居並ぶ天皇海山群は、昔からたいへん気になる存在でした。国際的に通用する学術用語、すなわち、正式な海底地形名として、古代天皇の名が使われていることが、そもそもふしぎでした。命名の由来をあれこれ探るうちに、深みにはまってしまいましたが、謎はまだ完全には解けていません。本書をお読みくださったみなさんから新たな情報を頂戴できましたら、ありがたく存じます。

一方で、西太平洋に集中している、深さ1万メートル級の海溝群もまた、謎に満ちあふれた魅力的な存在です。エベレストをはるかに凌ぐ深さゆえに、海溝の科学的研究はまだ、遅々として進んでいません。情報の少なさがかえって神秘的なイメージを育み、人類社会からはるかに離れた、穢《けが》れのない別世界と見なされることさえあります。

しかし、地表と海溝底とのあいだには、なんら隔壁はありません。両者のあいだには、自由に動く海水があるだけです。つい昨年、マリアナ海溝の1万メートル以上の超深海に棲むヨコエビ類の体内から、人類が生み出した汚染物質・PCBsが高濃度で検出されたことは、如実にこのことを物語っています。単に人類がアクセスしにくいという理由だけで、そこを純白の地と妄想してしまうのは、人類の驕《おご》り以外の何物でもないでしょう。

プロローグでも述べたとおり、いくつもの海溝に囲まれ、世界で最も多くの超深海水をEEZ

内に保有するわが国こそ、超深海研究のイニシアチブをとる責務があります。さらに技術開発も必要でしょう。白鳳丸のような研究船を、もっと充実させなければいけません。そして、超深海を含めた太平洋、この世界最大の海を立体的に捉えつつ、陸上－海洋表層－海溝をつなぐ生物地球化学的な物質循環やエネルギー循環のしくみを、世界に先駆けて解明するよう努めなければなりません。

数多くの書籍や論文が、執筆を助けてくれました。可能なかぎり巻末にまとめましたが、ウェブサイトについては、特に重要なものを引用するにとどめています。すべての文献の著者・執筆者の方々に、謝意と敬意を捧げます。

本書の企画から執筆にあたっては、前著『日本海』に引き続き、講談社ブルーバックス編集部の倉田卓史氏から数多くの励ましや助言をいただきました。ここに深く感謝いたします。

２０１８年８月吉日

蒲生　俊敬

Gamo, T. and K. Shitashima (2018) Chemical characteristics of hadal waters in the Izu-Ogasawara Trench of the western Pacific Ocean. *Proc. Japan Acad, Ser. B*, 94, 45-55.

Gardner, J.V. *et al.* (2014) So, how deep is the Mariana Trench? *Mar. Geod.*, 37, 1-13.

Glud, R.N. *et al.* (2013) High rates of microbial carbon turnover in sediments in the deepest oceanic trench on Earth. *Nature Geosci.*, 6, doi: 10.1038/NGEO1773.

Jamieson, A.J. *et al.* (2017) Bioaccumulation of persistent organic pollutants in the deepest ocean fauna. *Nature Ecol. & Evol.*, 1, 0051, doi: 10.1038/s41559-016-0051.

Kawagucci, S. *et al.* (2012) Disturbance of deep-sea environments induced by the M9.0 Tohoku Earthquake. *Sci. Rep.*, 2: 270, doi: 10.1038/srep00270.

Linley, T.D. *et al.* (2016) Fishes of the hadal zone including new species, *in situ* observations and depth records of Liparidae. *Deep-Sea Res. I*, 114, 99-110.

Nakanishi, M. and J. Hashimoto (2011) A precise bathymetric map of the world's deepest seafloor, Challenger Deep in the Mariana Trench. *Mar. Geophys. Res.*, 32, 455-463.

Nozaki, Y. *et al.* (1998) The distribution of radionuclides and some trace metals in the water columns of the Japan and Bonin Trenches. *Oceanolog. Acta*, 21, 469-484.

Nunoura, T. *et al.* (2015) Hadal biosphere: Insight into the microbial ecosystem in the deepest ocean on Earth. *Proc. Natl. Acad. Sci. USA*, 112, E1230-E1236.

Sano, Y. *et al.* (2014) Helium anomalies suggest a fluid pathway from mantle to trench during the 2011 Tohoku-Oki earthquake. *Nature Comm.* 5:3084 doi: 10.1038/ncomms4084.

Taira, K. *et al.* (2004) Deep and bottom currents in the Challenger Deep, Mariana Trench, measured with super-deep current meters. *J. Oceanogr.*, 60, 919-926.

Taira, K. *et al.* (2005) Deep CTD casts in the Challenger Deep, Mariana Trench. *J. Oceanogr.*, 61, 447-454.

Yancey, P.H. *et al.* (2014) Marine fish may be biochemically constrained from inhabiting the deepest ocean depths. *Proc. Natl. Acad. Sci. USA*, 111, 4461-4465.

佐々木忠義(1958)『深海にいどむ』東京出版
高川真一(2007)『インナースペース』東海大学出版会
芳賀徹編(1987)『小出楢重随筆集』岩波文庫
ピカール, A. 著・富永斉訳(1957)『成層圏から深海へ』法政大学出版局
藤崎慎吾・田代省三・藤岡換太郎(2003)『深海のパイロット』光文社新書
Jamieson, A. (2015) "The hadal zone ---Life in the deepest oceans", Cambridge University Press.
Piccard, J. and R.S. Dietz (1962) "Seven miles down: The story of the bathscaph Trieste", Longmans, Green and Co Ltd.(佐々木忠義訳(1962)『一万一千メートルの深海を行く』角川新書)

●論文・総説など

海洋研究開発機構(2008)深海に挑む『Blue Earth』, 3−4月号
蒲生俊敬(2018)超深海まで拡がっていたPOPs汚染、『Ocean Newsletter』, 424, 4-5.
キャメロン, J.(2013)深海への挑戦、『ナショナル・ジオグラフィック日本版』、6月号、52-65.
姜哲・崔維成(2015)全海深潜水器水動力学研究最新進展、『中国造船』、56, 188-199.(http://www.spc.jst.go.jp/hottopics/1701/r1701_jiang01.html)
須田晥次(1951)海洋学の進歩と水路事業、『水路要報』、25、164-180.
須田晥次(1952)第2次チャレンジャー探検、『水路要報』、30、87-95.
平啓介(1987)海溝の底層流の直接測定——海洋物理学の最近の話題、『地学雑誌』、96, 429-434.
平啓介ほか(2004)研究の回顧と展望——マリアナ海溝チャレンジャー海淵のCTD観測、『号外海洋』、36, 167-176.
田山利三郎(1951)海洋測量と海底地形の探究、『水路要報』、25、181-189.
堀部純男(1982)自動浮上式深海試料採取装置の深海(6000m)における機能と生物採取実験、昭和56年度受託研究報告書「海洋環境調査に関する技術の研究」、東京大学海洋研究所
堀部純男(1983)超深海のタラ、『クォーク』、11, 114-116.
八島邦夫(1994)世界の海の最深水深——マリアナ海溝チャレンジャー海淵、『水路』88, 16-18.
山田海人(2009)ジャック・ピカールへのオマージュ、『日本深海技術協会会報』、2009年1号、25-29.
Cui, W. *et al.* (2017) Chinese journey to the Challenger Deep: The development and first phase of sea trial of an 11,000-m *Rainbowfish* ARV. *Mar. Tech. Soc. J.*, 51(3), 23-35.

471-477.
Gamo, T. *et al.* (1987) Methane anomalies in seawater above the Loihi submarine summit area, Hawaii. *Geochim. Cosmochim. Acta*, 51, 2857-2864.
Horibe, Y. *et al.* (1983) Off-ridge submarine hydrothermal vents: Back-arc spreading centers and hotspot seamounts. *Eos Trans. AGU*, 64(45), Fall Meet. Suppl., Abstract O21A-13.
Koppers, A.A.P. and A.B. Watts (2010) Intraplate seamounts as a window into deep earth processes. *Oceanogr.*, 23(1), 42-57.
Koppers, A.A.P. *et al.* (2012) Limited latitudinal mantle plume motion for the Louisville hotspot. *Nature Geosci.*, 5, 911-917.
Koppes, S. (1998) Memorial to Robert Sinclair Dietz 1914-1995. *Geol. Soc. Amer. Memorials*, 29, 25-27.
Notsu, K. *et al.* (2014) Leakage of magmatic-hydrothermal volatiles from a crator bottom formed by a submarine eruption in 1989 at Teishi Knoll, Japan. *J. Volcanol. Geotherm. Res.*, 270, 90-98.
Sedwick, P.N. *et al.* (1992) Chemistry of hydrothermal solutions from Pele's Vents, Loihi Seamount, Hawaii. *Geochim. Cosmochim. Acta*, 56, 3643-3667.
Sedwick, P.N. *et al.* (1994) Carbon dioxide and helium in hydrothermal fluids from Loihi Seamount, Hawaii, USA: Temporal variability and implications for the release of mantle volatiles. *Geochim. Cosmochim. Acta*, 58, 1219-1227.
Tarduno, J.A. *et al.* (2003) The Emperor seamounts: Southward motion of the Hawaiian hotspot plume in Earth's mantle. *Science*, 301, 1064-1069.
Tarduno, J.A. *et al.* (2009) The bent Hawaiian-Emperor hotspot track: Inheriting the mantle wind. *Science*, 324, 50-53.
Torsvik, T.H. *et al.* (2017) Pacific plate motion change caused the Hawaiian-Emperor Bend. *Nature Comm.*, 8: 15660, doi: 10.1038/ncomms15660.

第3部

●単行本など

宇田道隆(1941)『海の探究史』河出書房
宇田道隆(1978)『海洋科学基礎講座 補巻 海洋研究発達史』東海大学出版会
太田秀(2005)『しんかいの奇妙ないきもの』G.B.
岡村収・尼岡邦夫編・監修(2002)『日本の海水魚』(第3版)山と溪谷社

2-5.
杉山明(2005)天皇海山列——発見・命名のいきさつと生成の謎、『地球科学』、59、72-79.
須田晥次(1954)Sofarに現れた明神礁爆発の記録、『水路要報』、41、61-62.
測量船「拓洋」広報班(1990)伊豆半島東方沖の海底噴火——そのII、『水路』、18(4), 3-6.
高橋憲子(2014)チェンバレンによる『古事記』の訓みと英訳——その敬語意識を中心として、早稲田大学大学院教育学研究科紀要　別冊21号-2、175-186.
田山利三郎(1952)日本近海深浅図について、『水路要報』、32、160-167.
タルドゥーノ, J. A. 著・関谷冬華翻訳協力、羽生毅監修(2008)ホットスポットは動いていた、『日経サイエンス』、2008年4月号、64-71.
塚本裕四郎(1954)第五海洋丸漂流物の鑑定、『水路要報』、41、63-66.
戸田S.源五郎　大日本帝國海軍特設艦船DATA BASE(http://www.geocities.jp/tokusetsukansen/J/index.html)
中陣隆夫(2012)「大洋底拡大説」の前夜—— R.S.ディーツ:「日本近海深浅図」と天皇海山列、『水路』162, 17-32.
中陣隆夫(2014)田山利三郎博士の海洋地形・地質学研究——業績と評価、『地質学史懇談会会報』、第45号、12-19.
中陣隆夫(2014)S.F.ベアード号の太平洋横断探検航海(1953)——ペリー提督浦賀来航100周年記念・日米協同海洋調査とその舞台裏、『水路』、169, 14-25.
藤井正之(1987)天皇海山列物語、『水路』、16(1), 26-33.
三成清香(2013)ラフカディオ・ハーンの『古事記』世界——B・H・チェンバレン著*Kojiki*の舞台、出雲を手がかりとして、『宇都宮大学国際学部研究論集』、36, 89-101.
八島邦夫(2015)水路部測量課長 田山利三郎博士の足跡〈1〉——明神礁遭難事故から63年の回顧、『水路』、173, 39-47.
Dietz, R.S. (1954) Marine Geology of Northwestern Pacific: Description of Japanese Bathymetric Chart 6901. *Bull. Geol. Soc. Amer.*, 65, 1199-1224.
Dietz, R.S. (1961) Continent and ocean basin evolution by spreading of the sea floor. *Nature*, 190(4779), 854-857.
Dietz, R.S. (1994) EARTH, SEA, AND SKY: Life and times of a journeyman geologist. *Annu. Rev. Earth Planet. Sci.*, 22, 1-32.
Doi, T. *et al.* (2008) In-situ survey of nanomolar manganese in seawater using an autonomous underwater vehicle around a volcanic crator at Teishi Knoll, Sagami Bay, Japan. *J. Oceanogr.*, 64,

上田誠也(1989)『プレート・テクトニクス』岩波書店
海老名卓三郎著・中陣隆夫監修(2014)『頭は文明に 体は野蛮に――海洋地質学者、父・田山利三郎の足跡』近代文藝社
小坂丈予(1991)『日本近海における海底火山の噴火』東海大学出版会
海上保安庁水路部編(1971)『日本水路史――1871-1971』日本水路協会
川上喜代四(1971)『海の地図と海底地形』古今書院
川上喜代四(1974)『海の地図――航海用海図から海底地形図まで』朝倉書店
三光汽船株式会社編(1971)『三光汽船の生成発展――社史論集』三光汽船株式会社
平朝彦(2001)『地球のダイナミックス』岩波書店
髙木元(1995)『江戸読本の研究――十九世紀小説様式攷』ぺりかん社
巽好幸(2012)『なぜ地球だけに陸と海があるのか』岩波書店
奈須紀幸(2001)『海に魅せられて半世紀』海洋科学技術センター
ハーン, L. 著・柏倉俊三訳注(1976)『神国日本――解明への一試論』東洋文庫292、平凡社
Aston, W. G. (1896) NIHONGI: Chronicles of Japan from the earliest times to A.D. 697, Charles E. Tuttle Company, Inc.
Chamberlain, B.H. (1883) KO-JI-KI; "Records of Ancient Matters", The Asiatic Society of Japan.
Isobe, Y. *et al.* (1929) "The Story of Ancient Japan, or, Tales from the Kojiki(古事記物語)", San Kaku Sha(三角社)
Philippi, D. (1968) KOJIKI, University of Tokyo Press.

●論文・総説など

相原由美子(1983)B.H. Chamberlainの『古事記』の翻訳、『英学史研究』、16号、117-131.
苛原暲(1987)天皇海山群の話――Dr. Robert S. Dietzの業績、『水路』、16(3), 12-15.
浦環ほか(2001)航行型海中ロボット「アールワン・ロボット」による手石海丘観測、『海洋調査技術』、13(1), 11-25.
小坂丈予(2001)1952年「明神礁噴火にまつわる話」(1)～(2)、『水路』、118、119.
小坂丈予(2003-2005)海底火山調査にまつわる話(3)～(9)、『水路』、126-131、133.
蒲生俊敬(1997)ハワイに新しい島が生まれる?、『Newton』、17(2)、46-53.
酒井均(1987)海底火山のプルーム、『科学』、57、570-575.
佐藤任弘(1971)天皇海山群、『科学』、41(12)、670-671.
水路部測量船管理室(1989)伊豆半島東方沖の海底噴火、『水路』、18(3)、

NHK出版
山田吉彦(2010)『日本は世界4位の海洋大国』講談社+α新書
Pickard, G.L. and W.J. Emery(1990) Descriptive physical oceanography: An introduction, Pergamon Press.
Schlitzer, R. Ocean Data View (https://odv.awi.de/)

●論文・総説など

気象庁訳(2014)気候変動2013:自然科学的根拠　IPCC第5次評価報告書、第1作業部会報告書(政策決定者向け要約)
高田秀重(2014)International Pellet Watch (IPW)——海岸漂着プラスチックを用いた地球規模でのPOPsモニタリング、『地球環境』、19(2), 135-145.
田辺信介(1985)海洋におけるPCBの分布と挙動、『日本海洋学会誌』、41(5), 358-370.
角皆静男(1981)太平洋および大西洋深層水の年令決定法とその応用、『地球化学』、15(2), 70-76.
日比谷紀之(2015)深海の謎への挑戦、東京大学大学院理学系研究科地球惑星科学専攻ウェブマガジン、第3号(http://www.eps.s.u-tokyo.ac.jp/webmagazine/wm003.html)
平野直人(2011)海洋プレートの進化と海底火山を理解するためのAr-Ar年代測定、『東京大学アイソトープ総合センターニュース』、42(1), 10-16.
松沢孝俊(2005)わが国の200海里水域の体積は?、『Ocean Newsletter』、第123号.
Doney, S.C. *et al.* (2009) Ocean acidification: A critical emerging problem for the ocean sciences. *Oceanogr.*, 22(4), 16-25.
Hirano, N. *et al.* (2006) Volcanism in response to plate flexure. *Science*, 313, 1426-1428.
Kouketsu, S. *et al.* (2011) Deep ocean heat content changes estimated from observation and reanalysis product and their influence on sea level change. *J. Geophys. Res.*, 116, C03012, doi: 10.1029/2010JC006464.
Machida, S. *et al.* (2017) Petit-spot as definitive evidence for partial melting in the asthenosphere caused by CO_2. *Nature Comm.*, 8, 14302, doi:10.1038/ncomms14302.

第2部

●単行本など

池田雅之(2015)『100分de名著 小泉八雲「日本の面影」』、NHK出版

参考文献

（和書は著者名の五十音順、洋書は著者名のアルファベット順）

プロローグ・第 1 部

●単行本など

加藤茂・伊藤等監修（2015）『海の底にも山がある！』徳間書店
加藤泰浩（2012）『太平洋のレアアース泥が日本を救う』PHP新書
加藤義久・池原研監修（2016）『体感！海底凸凹地図』技術評論社
蒲生俊敬（1996）『海洋の科学』NHKブックス
蒲生俊敬編著（2014）『海洋地球化学』講談社サイエンティフィク
蒲生俊敬（2016）『日本海 その深層で起こっていること』講談社ブルーバックス
木村学・大木勇人（2013）『図解 プレートテクトニクス入門』講談社ブルーバックス
小出良幸（2006）『早わかり 地球と宇宙』日本実業出版社
角皆静男（1985）『化学が解く海の謎』共立出版
中西正男・沖野郷子（2016）『海洋底地球科学』東京大学出版会
長沢和俊（1969）『世界探検史』白水社
日本海洋学会編（2017）『海の温暖化』朝倉書店
春名徹（1985）『大いなる海へ』講談社
ピネ, P. R.著・東京大学海洋研究所監訳（2010）『海洋学（原著第4版）』東海大学出版会
藤岡換太郎（2012）『山はどうしてできるのか』講談社ブルーバックス
藤岡換太郎（2016）『深海底の地球科学』朝倉書店
増田義郎（2004）『太平洋——開かれた海の歴史』集英社新書
道田豊・小田巻実・八島邦夫・加藤茂（2008）『海のなんでも小事典』講談社ブルーバックス
モア, C.・フィリップス, C. 共著・海輪由香子訳（2012）『プラスチックスープの海』

【は行】

【ま行】

【た行】

【な行】

【あ行】

【か行】

【さ行】

【アルファベット】

さくいん

【人名】

【研究船・潜水船名等】

N.D.C.452　270p　18cm

ブルーバックス　B-2068

太平洋《たいへいよう》 その深層《しんそう》で起《お》こっていること

2018年 8 月20日　第1刷発行

著者　蒲生俊敬《がもうとしたか》
発行者　渡瀬昌彦
発行所　株式会社講談社
〒112-8001　東京都文京区音羽2-12-21
電話　出版　03-5395-3524
販売　03-5395-4415
業務　03-5395-3615
印刷所　(本文印刷) 慶昌堂印刷株式会社
(カバー表紙印刷) 信毎書籍印刷株式会社
製本所　株式会社国宝社

定価はカバーに表示してあります。

ISBN978－4－06－512870－1

発刊のことば

科学をあなたのポケットに

二十世紀最大の特色は、それが科学時代であるということです。科学は日に日に進歩を続け、止まるところを知りません。ひと昔前の夢物語もどんどん現実化しており、今やわれわれの生活のすべてが、科学によってゆり動かされているといっても過言ではないでしょう。

そのような背景を考えれば、学者や学生はもちろん、産業人も、セールスマンも、ジャーナリストも、家庭の主婦も、みんなが科学を知らなければ、時代の流れに逆らうことになるでしょう。

ブルーバックス発刊の意義と必然性はそこにあります。このシリーズは、読む人に科学的に物を考える習慣と、科学的に物を見る目を養っていただくことを最大の目標にしています。そのためには、単に原理や法則の解説に終始するのではなくて、政治や経済など、社会科学や人文科学にも関連させて、広い視野から問題を追究していきます。科学はむずかしいという先入観を改める表現と構成、それも類書にないブルーバックスの特色であると信じます。

一九六三年九月

野間省一